日本第一小農的創意經營術

超人氣農特產就要這樣賣！

小さい農業で稼ぐコツ 加工・直売・幸せ家族農業で 30a1200万円

喜 著

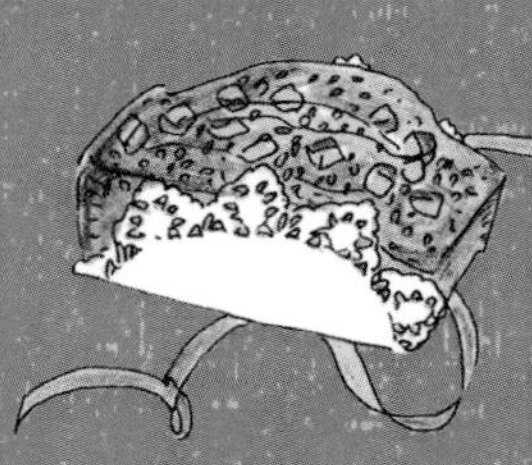

從自然農法、食品加工、擺攤賣、在地結盟到網路社群行銷，創造富裕舒適的小農幸福人生！

X 去人多處向一群人

O 去特定點向對的人

X 湊合現有幾種蔬菜

O 收齊適合火鍋食材

X 標準化挑選均質

O 個性化凸顯優質

X 低價傾銷認賠

O 體驗教室推廣

O 合作推銷各自產品

★ 結盟舉辦在地活動

從自宅兼店鋪的加工所看到的田地。雖然是靠近海邊的砂地，但也位在沖積扇，土壤很肥沃。現在完全沒有施加肥料，只利用菇類的廢棄菌床，實施碳循環農法。

這就是風來三十公畝的農田

從田地看到的自宅兼店鋪、加工所。
我們一家五口在這裡生活，製作醃漬物、服務客人。

攝影：田中康弘
（包括在本文附圖印有＊的記號也是）

夏季田裡的收穫

夏天的收成因為天氣熱，所以趁著早上提前進行。清晨四點半起來，大概花兩個半小時採收。照片中的作物，包括玉米、小黃瓜、南瓜、芋頭等。

毛豆長得不高，在靠近地面的地方，豆莢結實纍纍。

「疣美人」是很引人注目的四葉系小黃瓜。做成醃漬物口感也很清脆，底下白色的是躺在地上長的黃瓜。

「在來青茄子」烤過之後，茄肉會軟化變得濃稠。比紫色圓茄子更好吃。

一天當中採收的蔬菜

趁早上比較涼爽的幾小時內收成完畢！

三十公畝的田裡，一天的收成量只有這些。小黃瓜、茄子（千兩茄子、白茄子）、蕃茄（大顆、迷你、中粒、料理用）、青椒、秋葵、南瓜（迷你、生吃用、金絲瓜）、櫛瓜、國王菜、皇宮菜、空心菜。

搭配蔬菜組合

在中午以前裝好客人預訂的蔬菜組合（這一天有 2,500 日圓的兩箱、3,000 日圓的四箱、3,500 日圓的兩箱，共八組）。我太太正在製作跟蔬菜組合一起訂的薑味磅蛋糕。

除了當天採收的茄子、青椒、可生吃的南瓜，還加上保存在冰箱的紅蘿蔔、白蘿蔔等，共十種裝在一箱。

四月的蔬菜組合

這是四月三日的蔬菜組合的內容（3,500 日圓）。因為正好在北陸地方農作不豐的時期，在初春時就能採收的是開花的芥菜、白菜、包心菜側芽，再加上開花晚的牛皮菜，以確保蔬菜的種類夠豐富。

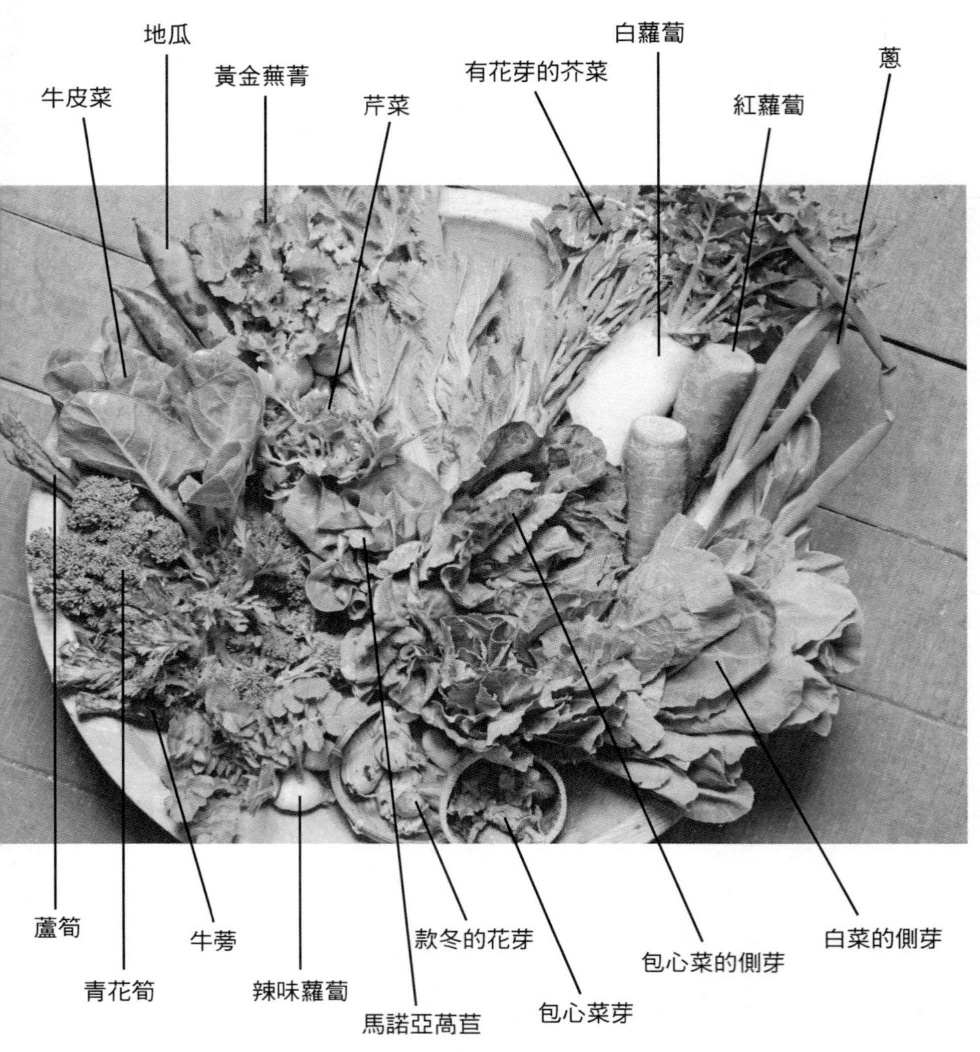

四月包心菜的田畦。在去年秋收成後留下殘株的地方，長出了側芽，這可以當成蔬菜收成（詳情請參考第六十六頁）。

一直有蔬菜可以採收

在同一塊田畦密集種植包心菜、白菜、萵苣等。如果在三月種植，一點點把時間錯開，到了收成少的四、五月，就可以陸續採收（詳細內容請參考第七十頁）。

製作醃漬物

製作泡菜的材料。作法基本上沿襲我母親的方法，她向來有「醃漬物婆婆」之稱（詳細內容請參考第九十一頁）。

風來的主要商品包括泡菜等醃漬物，由我太太（風來媽媽）負責製作。

風來的泡菜屬於保存期限短的淺漬，所以會配合訂單製作。不需要大型器具，只要利用家用食物調理機就好。

採用北陸地方的魚醬提味。

真空包裝的各種醃漬物。

前言

小型農業特有的幸福

我在石川縣經營著自稱全日本最小的農園「風來」（大家都叫我「源桑」）。這片農園究竟有多小呢，耕地面積總共是三十公畝（其中包括面積五點四公尺乘以十五公尺的建物四棟），大約是一般農地的十分之一。在農地前方是作為店鋪與加工場所的自宅，我們一家五口在這裡過著幸福的生活。

我曾經歷過調酒師、飯店從業人員的職務，然後獨立創業，從零開始務農。

不過，一旦透露自己想去種田，每個人聽了都說「農耕可不輕鬆」，或是告訴我「農業需要投入龐大的初期投資」。當我聽到實際從事農業剛開始的平均貸款金額，的確嚇了一跳。從我在飯店當經理時所學的損益計算觀點來看，如果要從零開始，怎麼算都不可能達到收支平衡。如果從事稻作，需要購買耕耘機等費用；如果採用溫室栽培，也需要加設溫室的費用等……怎麼看，都是得花很多錢在固定資產方面。

但是，我試著以不同的觀點重新思考農業：「本來，務農只要一把鋤頭就夠了，就算不投入大筆資金也可以。」所以我們一開始就把加工、直售列入經營範圍，這樣一來，即使規模小，應該還是能維持下去，於是我只憑著自己準備的資金，就開始建立了「風來」。

在實踐的過程中，我深刻感受到日本其實很適合小型農業，或是由家庭經營的農業。若以保留農地的角度來看，大規模農業確有其必要，但大規模農業有大規模農業的作法，而小型農業不也有小型農業的作法嗎？如果要擴大規模，在過程中，無論如何都必須要建立專有的技術秘訣。能夠技術秘訣化的部分，有利於擁有資本的人。小型農業正因其獨特性，所以有自己的生存之道。

於是，「最小化主義」誕生了。推展小型農業，不要去想一有機會就要擴充面積，從一開始就做好心理準備，要小規模耕種，讓投資金額不超出限度。並且藉由限制面積與規模，提升運用土地與時間的效率。而且不必採購大型機械，所以也不必貸款。而且，因為地方上的人際關係比較單純，運作起來會更順利，遇到天候等風險也可以快速應對，這些都會形成有利的條件。

現在這個時代，不論日本或全世界，應該都有人有志於從事農業。不過，一開始抱持著簡單的想法務農，但在栽培作物或經營方面不順利，或是原本想過田園生活，不知不覺為了契作變得忙碌不堪，無法實現初衷……在現實中，這樣的例子似乎很常見。選擇農耕為工作，必須要能確保生計，這可是眼下非常重要的事。

究竟為了什麼，又要賺多少才能生存下去……

從最小化主義的觀點來看，主要的動機就是「幸福」。

想要幸福地過日子，究竟需要多少收入，

為了達到這樣的收入，又需要多少營收？

經過這樣層層思考，答案就會越來越明確。

錢能賺得越多越好，
速度越快越好，
跟小規模相比，範圍越大越好，
這麼一來，目標沒有止境。
然而，幸福的原點，其實是「不跟人比較」與「知足」。
最小化主義雖然追求營收，
但前提是不追逐永無止境的欲望。

所以，能夠充分發揮最小化主義的，正是農業。
我覺得小型農業、家庭經營農業，正是與幸福最接近的工作。

本書的內容，不是「讓讀過的人感受到日本農業的未來」，而是試著「讓讀過的人感受到自己投入農業會有什麼樣的未來」，如果將我自己從零開始實踐，經歷過某些失敗，將自己經常想到的一些事寫出來，說不定會對人有幫助吧？我抱持著這樣的觀點寫下這些內容。我想每個人所處的環境不同，也會有各自的作法。如果能為讀者提供一些靈感，甚至帶來些許信心，我將感到無比榮幸。

二〇一六年二月　西田榮喜

第❸章 做醃漬物、點心

——製作能夠長時間銷售的加工品

第5章 如何維繫客人

——增加熟客

第❻章 小型農業的思考方式

第

1

章

小型農業的魅力

1 什麼是小型農業？

不靠貸款，家庭經營的直售農業

我們「風來」的田地有三十公畝。運用的農耕機械只有家庭菜園用的耕耘機。還有為了把種的蔬菜做成醃漬物販售而準備的木桶等器具，以及真空包裝機等，剛開始投入的資金總額是一百四十萬日圓（約新台幣三十八萬元），全部是自備款，就這樣，試著以農耕在經濟方面自立。現在將在田裡收成的蔬菜搭配成組合，加上醃漬物等加工品，主要在網路上販售。最近也販賣自然食品。

在人力方面，我太太會花半天時間幫忙，所以實際上是一．五人。因此現在的年度營業額是一千兩百萬日圓（約新台幣三百三十萬元），實際收入是六百萬日圓（約新台幣一百六十萬元）。我不知道這樣算多或少，但在鄉下維持五口之家的生活，已相當充足。所以我深切地感受到不必貸款、不依靠補助金的農家過得有多實在。

大家對於小型農業的定義，我想應該很多樣化吧。對我來說，小型農業就是由家庭經營農業。在印象中，或許就像過去的家庭手工業吧（參考圖1-1）。

我所見識的澳洲農業

為什麼我會想實現這樣的小型農業呢？原因是大家都說在開始農耕時很耗費資金，包括取得農地、購買機械、建立加工製作的環境等。這讓我思考有沒有別的方法，而且我並不覺得，農業的大型規模化，在日本有帶來什麼好處。

在我獨立創業之前，曾經有機會去澳洲的農場打工實習。那座農場雖然實施有機栽培，但跟我們所想像的

圖 1-1　小型農業是家庭經營的直售農業

有機農業大不相同。以肥料而言，雖然也會運用到魚粉等日本常見的成分，但是施肥的方法卻是我們所無法想像的。他們竟然駕著直升機播灑魚粉（所以空氣裡有非常強烈的氣味……）

另外，收成豌豆時採用的收割機，感覺上寬度好像有二十公尺。最厲害的是所屬的整個系統。從收割機到駕駛都屬於某家連鎖速食店，農家只負責耕種。這間速食企業跟許多農家簽定契約，最後負責收成，再根據收穫量支付各農家費用。除了農地的規模之外，還要有這樣的結構，我想大型規模化才有落實的意義。

日本是最適合直售的國家

其實，正是澳洲農家帶給我「最小化主義」的靈感。當我告訴澳洲人日本有些農家會兼任其他工作，對方說「這對我們來說是不可能的事。光是開車到都市，單程就要三小時，根本不可能兼任其他職業。雖然我們的工作形態很穩定，但是聽到能這麼自由也很羨慕。」

仔細想想，在日本任何地方（這樣說會不會有點誇張……），不到三十分鐘的車程，就有人口超過一萬人的鄉鎮，以各縣的縣政府所在地為首，各處都有城市。

即使是在網路販售，在日本只要出貨後一兩天內，幾乎就能將產品送達全國各地，擁有地利之便，而且人口也很多。我意識到像這樣的農業環境，或許在全世界也很罕見吧。如果要將日本的優勢發揮到極致，我想或許就是直售吧。

以「百姓」為範本

以前我希望投入農業的門檻能夠降低，現在我會勸告想加入這一行的新手「別以成為達人為目標」。「不要立志成為達人，要好好當個百姓」（圖1-2）。

「百姓」的稱呼現在或許帶有一點貶意，所以比較少人使用，但是我很喜歡這個說法。「百姓」也就是有百種姓氏、擁有百樣的名字，也就是一個人可以從事各種各樣的工作。過去的農家曾留下「如果要種水稻，就要開墾旱田」、「記得在田間的土堤種豆」、「冬天要編繩」等教誨。在自然的環境下農耕，往往會發生意想不到的事。我想那正是過去的百姓試圖分散風險的智慧。

「最小化主義」也從過去的百姓學到很多。雖然大規模的單一種植確實比較有效率，但是面對自然與市場的風險變得更大。另一方面，在小面積田地少量多種類地栽培，效率雖然比較差，但是可以分散風險，在經濟效率方面反而提高了。

圖 1-2　以「百姓」為範本

2 一天的工作，一年的工作

每天早上拍攝田畝的照片，發佈在臉書上

要實際說明什麼是農夫的工作，首先就從一天的時間分配開始吧（圖1-3）。

早上起來之後，打掃廁所、為神龕祭酒、巡視田畝（我幾乎每天都會拍照，發佈在臉書上）。養成這些習慣之後，每天早上身體都自然會醒過來，充滿活力。

在工作上，首先我會確認電子郵件。前夜會累積一些網路訂單，所以要處理（發出接受訂購的訊息）。有時會有來自客人的意見反映或提問，所以也要回信。接著列出翌日的出貨清單。這麼一來，就知道今天該做什麼，明天要準備什麼，我太太也可以依照出貨清單，準備點心與醃漬物這類製品。

接下來是採收。冬天以根莖類或葉菜類為主，所以不會花太多時間，夏季主要是果菜類，所以會比冬天花更多時間（約兩小時半）。在採收的同時，也順便進行修剪，做些其他能做的事。

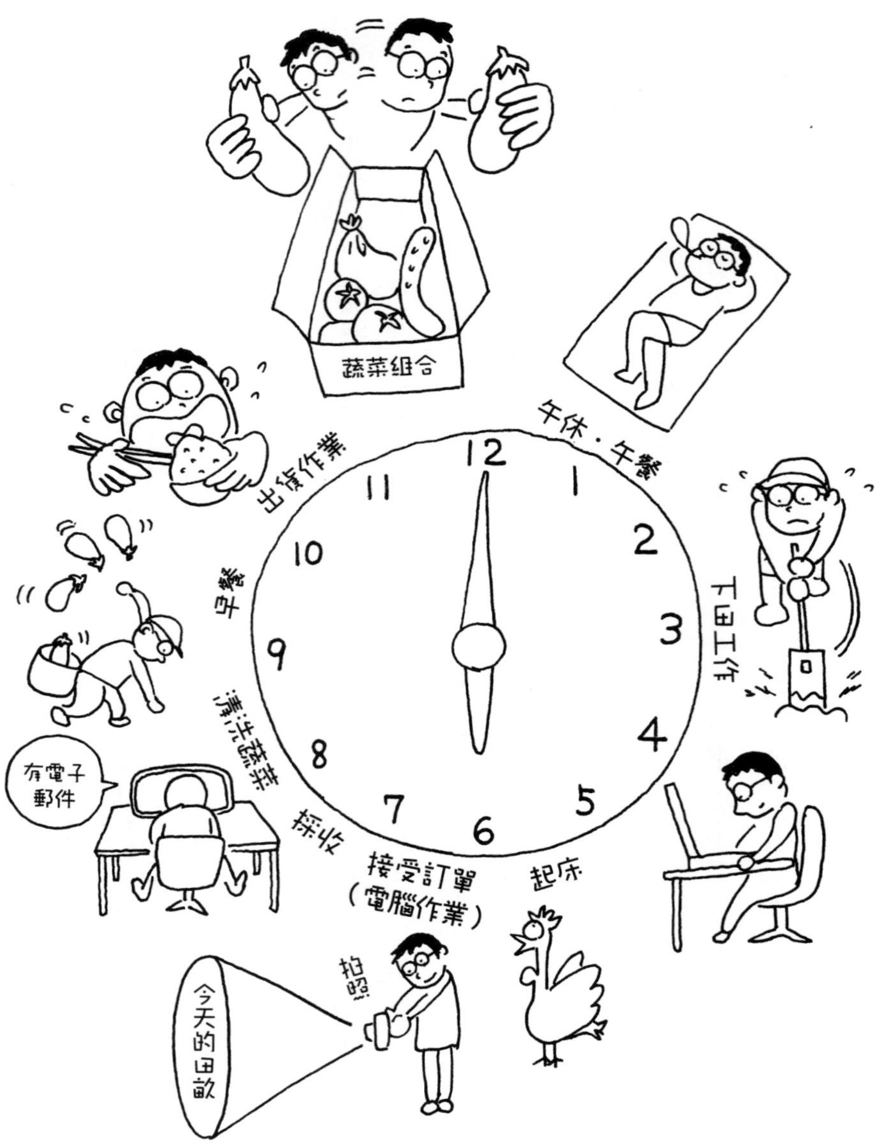

圖 1-3 一天的時間分配圖

早上九點左右，早餐時段開始，同時也稍微休息一下。通常我會邊吃早餐邊看報紙，然後小睡十分鐘。這十分鐘對於恢復精神的效果很好。

從十點開始搭配蔬菜組合

十點鐘是出貨時間。首先是準備蔬菜組合。蔬菜組合是風來的明星商品。跟賣相也不錯的袋裝蔬菜相比，光是搭配蔬菜組合就很花時間。接下來是搭配蔬菜與米糠漬的材料組合等，準備各種各樣的農產品。

從下午一點開始是午餐與午間休息時段，在這個時間最能徹底放鬆。午餐過後是午睡時間。這段時間是我感到最幸福的時刻。

午後是下田工作與文書作業

下午三點之後，田裡的工作隨季節而異，時間有限，最重要的是掌握要領。由於進度常會受天氣左右，所以我通常不會排得太緊。

傍晚是總結這一天工作的文書工作（出貨通知的電子郵件，部落格更新、上傳日誌、處理訂單等）。我會每天更新日誌。剛開始，我在田裡工作時，會一直思索寫日誌的靈感，現在已經可以不用多想，直接就能寫出來。而且，寫日誌可以回顧這一天，想到明天該做的事。

太太負責醃漬物、點心等

大致上就是這樣的流程。我冬季在六點左右起床，夏季則大約是四點半（收成果菜類要花較多時間，所以通常在同樣的時間收工）。至於田裡的工作，在冬季到了下午五點左右天色就變得昏暗，所以時間變得比較短，但是夏季可以延長到晚上七點左右。

到了週末（六、日）則儘量減少出貨量，多挪出時間陪伴家人，或是專心在田裡工作。

在工作的分配上，我負責田裡的部分、採收、搭配蔬菜組合等。我太太負責醃漬物、點心製作與出貨準備（她基本上不碰田裡的工作）。在兼顧家事與照顧小孩之餘，她可以在比較方便的時段加工食材，能夠安排自己的時間。

一整年下來，每個月都有大幅變化

接下來是一整年的年度計劃。比較傳統的農家，每個月的工作都大不相同。

▼一月：動員全家製作欠餅（註1）

在我們北陸地方，這個時候是農閒期。以前我會趁機準備自製的發酵肥料，不過隨著農法改變，現在不必在這個月份下田。不過雖然是農閒期，收成的產量並不少。我幾乎每天早上都去採收，如果氣象預報說第二天的最低溫會降到零度以下，就提早一天進行。

在這個時期，最重要的工作是制定一整年的耕種計劃。在風來，一年大約種植七十幾種蔬菜。農地規模雖然小，不過我訂下整片農園的耕種計劃，儘可能避免連作。另外，我為了持續採收一定種類的蔬菜，對於同一種蔬菜也會錯開時期，像拼圖一樣搭配組合（風來的年度作物一覽請參考二三九頁，種植方法則是五十七頁）。

這個季節的加工品是欠餅。週末動員全家，一次大約製作兩千枚。這樣的週末有兩次。欠餅在二月會全部烘烤完成，可以保存一整年。每次我太太在週三、週五都會帶剛烤好的欠餅去直售所（欠餅的作法請參考一〇二頁）。

如果還有時間，會製作米麴。利用當地農家分給我們的米麴作為種麴，自己製作。我們雖然有時候也會直接販賣米麴，但幾乎都在味噌教室使用。

一月的活動是味噌製作教室與發酵食品分享大會。在所有活動中，味噌製作是最受歡迎的。

▼二月：製作艾草糰子的材料——糯米粉

二月前半感覺還是農閒期。以前比較悠閒，現在有各種各樣的室內工作（儘管如此，內心還是覺得從容不迫）。製作味噌需要的米麴，還有一整年份作艾草糰子會用到的米粉、糯米粉（艾草糰子的作法請參考一〇一頁）。

從二月中旬開始播種。在溫室裡鋪設溫床電線，打造苗床。一開始先種蕃茄、茄子等需要育苗時間的作物，還有播下香草的種子。田裡的工作也適合進行春季的各種作業，在天氣好的時候，要處理前一種作物的殘株。這個月份能收成的蔬菜，跟一月幾乎相同。

在活動方面，延續了一月份的味噌教室。我們經常看到在一月份參加過的民眾又回來參加，這時更深刻感受到傳統食物的魅力。

▼三月：以「半不整地栽培法」作畦與育苗

到了三月，要全力投入田裡的工作。處理上一種作物的殘株的同時，也順便作畦。因為風來採取「半不整地栽培法」，所以不會大幅鬆動田地，只是用管理機輕輕犛過田畝的表層，跟牽引機不同，可以一條條作畦，而且還可以留下能繼續收成蔬菜的田隴。

最費心思的是蔬菜的育苗。我曾經無數次因為太熱或太冷而育苗失敗，所以對於溫室的換氣非常注意，但是每年都會深切地感到，時機稍縱即逝。

從三月中旬開始，在溫室裡將白菜、包心菜芽、散葉萵苣、葉菜類從苗床移植，並且播下櫻桃蘿蔔的種子。這樣在早春的蔬菜產量最少的時候，還能維持一定的種類與數量。

在活動方面則是米糠漬教室。只

照片 1-1　三月的包心菜。

是將米糠與鹽水混合，非常簡單，不過也很受歡迎。我們有風來製作米糠漬的獨家菌種，將從開業以來就持續使用及製作的米糠醬，稍微分一點給學員，作為米糠發酵的源頭。

▼四月：播種、移植、菜苗販售

四月是田間工作的高峰。包括整地、菜苗的移植、播種、定植等，不勝枚舉。我會觀察天氣一邊進行。從四月後半大量定植，包括茄子、蕃茄、小黃瓜、南瓜等。

在這個季節，前半期銷售的是香草苗，後半銷售的是蔬菜苗（苗的販售在五月會進入旺季），菜苗也有穩定的市場，從四月後半到年底，都是忙於送貨的時節。又是菜苗又是蔬菜組合，還有火鍋組合與點心，我忙到幾乎搞不清楚自己的主業是什麼？

雖然持續有蔬菜可以收成，但是四月前半個月有些青黃不接，必須設法克服這個時期。到了後半個月就有蘆筍、溫室白菜、包心菜、葉菜類可以收成，不必擔心。

四月的活動是田園教室。教大家如何輕鬆地經營家庭菜園。來參加這個講座的民眾通常也會購買菜苗。

▼五月：上半個月是定植的顛峰期

上半個月是蔬菜定植的顛峰時期。風來的策略是少量多品項，目標是持續穩定地保持種類與數量，即使是同一種蔬菜，也要將定植的時間稍微挪開來，為了分散風險，不將同樣的蔬菜全部種在同一個地方。田畝看起來就像拼布一樣多采多姿。在連休（註2）快要結束時，如果再定植地瓜，感覺就真正告一段落了。

蔬菜苗的訂單，以前在四月後半到五月前半最多，最近則是很平均地到了五月份才開始收到。

這個時期的蔬菜組合，以早春的葉菜為中心，加上果菜類開始收成的黃瓜、櫛瓜等。醃漬物也是小黃瓜的淺漬泡菜等，轉換成比較清爽的內容。

在活動方面，這個時期我們會將田裡生長的許多艾草摘下，做成艾草糰子。在風來，不僅是田裡的蔬菜，就算是大家當成雜草的艾草也不會浪費。

▼六月：用鹽醃漬採收過量的小黃瓜

在這個時期，田裡的工作稍微可以輕鬆一點。作業以剪修為主，包括修剪茄子的枝葉與除去蕃茄多餘的芽等。這些工作也可以趁收成時一併進行。果菜類比起葉菜類、根菜類花費更多時間收成，所以要一大早就去田裡工作。

在這個時期，小黃瓜大豐收（可以一口氣收成）。帶到農產品直售所，大家的情況都一樣，只能便宜賣。以前我們把小黃瓜做成米糠漬，大受好評，但是不能久擺，而且要每天出貨也相當辛苦。因此現在把大量收成的小黃瓜先用鹽醃漬，稍微過了一段時間之後，做成酒糟漬。

其他的農家這時也稍有閒暇，所以會集合各農家、對農業有興趣的人，企劃農業聚會，每次場面都很熱絡。

▼七月：下半個月開始準備秋、冬的作物

前半個月有時是梅雨季節，田裡的工作以修剪為中心，比較輕鬆。只是因為氣溫變得很熱，光是收成就揮汗如雨。因為午後在田裡工作很辛苦，早上收成結束後，我會先完成田裡的工作，把平常從十點開始的出貨工作稍微延後。這麼一來午間在室內工作會比較涼爽，而且比較不耗費體力。

七月後半雖然還很熱，不過已經要開始準備秋、冬的作物。播下紅蘿蔔的種子，以及為白菜、包心菜、青花菜育苗。

這個時期的蔬菜組合內容，增加了蕃茄、櫻桃蕃茄、茄子等果菜類。蕃茄收成量豐富，可以打成蕃茄汁冷凍保存，如果有時間的話，我會分裝成小包販售。

▼八月：播種蕪菁壽司用的蕪菁

到了非常炎熱的夏天。在前半個月，我下午儘量不去田裡。等盂蘭盆節(註3)過後，熱浪稍微緩和一點，就要正式開始準備秋季蔬菜。從八月後半開始播下蘿蔔、蕪菁的種子。在十二月時，北陸地方會製作冬季的代表醃漬物「蕪菁壽司」，到時候會用到整顆的蕪菁，所以要栽培得大小適

照片 1-2 七月的小黃瓜葉。*

中。如果在溫暖的秋季生長，很容易長得太大顆，要是秋天氣溫偏低，長得又會太小，所以我每隔一週播種，稍微錯開時間。

在這個時期，有蕃茄與小黃瓜等可以生吃的蔬菜，所以醃漬物比較少人買。因為炎熱的關係，點心跟蛋糕的銷路可能也會受到影響，所以我太太利用大量採收的蕃茄，製作櫻桃蕃茄凍。將白酒、蜂蜜、檸檬跟櫻桃蕃茄一起煮過以後，注入模型。在紅色的汁液加入黃色的迷你蕃茄，看起來就是道涼爽的點心。

由於夏天很熱，還有盂蘭盆節的關係，八月份不舉辦活動與教室，不過有時會臨時起意舉辦烤肉之類的聚會，讓大家帶食物來分享。

▼九月：開始販售甜點與米糠漬

上半個月在定植白菜、包心菜、青花菜、茼苣等作物，為白蘿蔔、蕪菁蘿蔔播種。在這個時期，田裡忙碌的程度僅次於春季，不過可以邊為夏季蔬菜收尾，逐漸進行，所以比起一口氣完成大量工作的春季，會稍微輕鬆一點。不過替換作物的取捨很重要。果菜類即使收穫量減少，還可以繼續收成，放棄需要相當勇氣。但在這個時期，一天時間所造成的差異，相當於冬季的一週，所以必須果斷下決定。到了九月下旬，要播下塌棵菜、甜菜的種子。這兩種蔬菜都耐寒，在寒冬的戶外都可以收成，所以是非常重要的作物（農閒期對策，請參考第六十六、七十、七十五頁）。

當季的點心則是我太太（風來媽媽）做的地瓜磅蛋糕、南瓜戚風蛋糕。隨著天氣轉涼，甜點的訂購量增加了。夏季醃漬的瓜類、小黃瓜做的米糠醬菜也開始販售。雖然我曾經懷疑：現在這個時代，還有人吃米糠醬菜嗎？不過還是有喜愛古法、心有定見的顧客青睞。

在活動方面，召開秋季茶會，招待風來媽媽手工製作的秋季點心，邀請熟知地方通貨與藝術的友人擔任講師，談論各種各樣的話題。

▼十月：進行春季包心菜的定植等

即使到了十月，由於地球暖化，最近氣溫也變得很高。早先定植的綠花椰等，只要晚幾天採收，花芽就要綻放，萵苣只要稍微耽擱，也會變得太老，千萬不能大意。不過也因為如此，像秋葵、空心菜、埃及國王菜等，這類耐暑但怕冷的蔬菜，就可以延到很晚收成。我深切地感受到，少量多種類栽培可以分散風險。

田裡的工作到了這個時期，大致上也比較空閒，為了預備新年的嚴冬期，先清除秋季

照片 1-3　十月綻放的南瓜花。

的小黃瓜，在溫室播下耐寒的葉菜類種子。同時也定植包心菜，到了三、四月蔬菜最少的時期，就可以收成。

在活動方面，舉辦新米品嘗會，並且讓大家把自豪的米飯帶來交換分享。我們拜託熟悉的種稻農家幫忙，現場示範如何煮出好吃的飯，也讓大家試吃比較越光米、秋田小町米、牛奶皇后米（Milky Queen）。有趣的是，從米的不同品種，可看出大家喜好的差異。接下來，是分享參加者帶來自己覺得最好的米飯，在餐會上，參加者除了要自我介紹，也要介紹帶來的米飯，透過這樣的活動，可以讓大家迅速互相熟悉，真是不可思議。

▼十一月：種完洋蔥以後，農忙暫時告一段落

田裡的工作，從洋蔥定植完成之後，就告一段落了。整體來說，田裡的工作比較沒那麼繁忙，所以到了週末會到處舉辦活動，邀請大家來參加。

這個時期的蔬菜組合，是白菜、包心菜、綠花椰、青椒、茄子、白蘿蔔等。

十一月也是柚子收穫的季節。風來的農園雖然沒有種柚子，但是因為市區有認養制，所以我也擁有自己的柚子樹。在活動中，我們也利用自己收成的柚子製作柚子醬油。比大家所想像的還要簡單，而且又美味。在課程結束後，為了試吃之前做好的柚子醬油，我們會舉辦火鍋派對。

▼十二月：專心製作米麴等

因為上半個月還有些時間，所以先專心製作米麴。

運用米麴製作的，是北陸冬季的代表醃漬物「蕪菁壽司」、「白蘿蔔壽司」。蕪菁壽司是用蕪菁夾著鹽漬青甘魚，放在米麴裡醃漬，白蘿蔔壽司則是用米麴醃漬白蘿蔔與鯡魚乾。

十二月的活動是蕪菁壽司教室。蕪菁壽司最近變得很昂貴，演變成專門用來饋贈的禮

品。這麼一來，原本在飲食文化上的意義，即將面臨終止的危機。不過我們也試著讓學員了解在課堂製作的難處。在課程結束後，則是讓大家帶著自製的發酵食品，或是發酵飲料來參加忘年會。

3 小型農業的優點

我們「風來」號稱是日本最小的專業農園，為了活用有限的農地，會運用各種各樣的創意。也就是不以規模取勝，發揮小而美的優點（請參考圖1-4）。

藉由混植分散風險

首先是在同一塊田畝混植作物。像大蒜與蠶豆、洋蔥與豌豆、蕃茄與毛豆、包心菜與芹菜的組合，是最基本的。藉由混植，除了可以提高培育各種蔬菜的收成量，還可以抑制病蟲害的繁殖，甚至在必要時分散風險（混植的方法請參考第五十七頁）。

不消耗時間與成本

為了增加產量，通常很容易想到要擴張農地，可是這樣要花更多時間，肥料及其他成本也會增加。只要農地維持小規模，就不會增加時間與成本。

當然，在農地小的情況下，收成的蔬菜更顯珍貴，一點都不能浪費。所以我們

小型農業的好處

- 風險（病蟲害等危險）不會集中
- 不增加耕作時間與成本（包括肥料等費用）
- 不需要昂貴的機械
- 少量多種類的耕種充滿新鮮感
- 不會忙不過來

圖 1-4　小規模的優點

會把賣相欠佳的蔬菜做成醃漬物，或是把夏季產量過多的蕃茄加工成蕃茄醬，變成各種各樣的商品。風來現在幾乎沒有要報銷的蔬菜。而且連秋季包心菜收成後冒出的側芽，也會採收，尤其在初春時也讓新芽上市販售（側芽的收成方法請參照第六十六頁）。

這些作法也是因為直售而得以實現。透過直接販售，可以把每樣蔬菜的單價訂得比較高一些，還能向顧客說明這些是什麼樣的蔬菜，大幅提升農產品的價值。

因為面積太大容易照應不暇，所以我自然而然就產生了這些想法吧。

也不需要昂貴的機械

由於耕地面積小，作物種類又多，所以不需要大型機械。在我剛開始務農時，本來還準備了牽引機，後來就不需要了。現在風來有動力的機械，只有透過網拍以三萬日圓（約新台幣八千兩百元）入手的本田迷你農耕機與割草機而已。也因為我採用了只犛田地表層的半不整地栽培法，所以不需要擔心機械的修理費，感覺很輕鬆。

通常規模擴大後，機械的成本就攤平了。但遇到專門用途的機械卻不是這樣。一旦要修理，替換零件需要時間與金錢。在這方面，有很多廣泛普及、價格合理的農耕機械可以選擇，跟加工調理食物的機器有共通點。

當然，重要的道具、機械，一定要選可靠的製品，但我覺得現在日本的大型農業機械實在很貴。這或許是日本農業結構方面的問題。

少量多種類的耕種讓人不厭煩

小規模、少量多種類的耕種，讓人對田裡的工作不覺得膩。在剛處理訂單等電腦的文書工作結束後，過了十分鐘改忙田裡的農事，一點都不稀奇。我想只有家庭經營的農園才有這樣的自由。平常像設定計時器為農作物澆水，或是揭起溫室的遮陽網等等，雖然有數不清的瑣事要忙，但如果把農耕變成生活的延長，我想這些瑣事就不會讓人感到麻煩。

家庭經營擁有的餘裕

以農業來說，農忙期與農閒期的差別非常大。如果是自家經營，農閒期只要休息就好，但若規模擴大，還請了其他員工，就不能這樣。恐怕還得設法想出其他工作，才能確保可以僱用一整年。

風來徹底活用了直售與家庭經營的特色，週末基本上蔬菜不出貨。這麼一來，就有餘裕可以舉辦各種各樣的活動，產生新的可能。當然有時候也會用來休息（雖然假日其實還是常在田裡忙）。

與自然為伍的農業，與其配合人的時間，不如順應自然，以有彈性的方式作業往往更有效率。我想可以讓農業跟生活融為一體，正是家庭經營的優點。我現在每天都深切地感受到小型農業的優點。

註釋

註1　**欠餅（かきもち）**：日本北陸地區冬季常見的一種民俗食品，以糯米為主要原料，半成品類似麻糬，待冷卻凝固後，切成長方形薄片，再用草繩綁成一串掛起，自然風乾，最後再加以烘烤，通常會用海帶、艾草等食材染色，或是混入櫻花蝦等內餡，口感類似煎餅與仙貝。在日本其他地方亦有類似食品，例如關東的霰餅、關西的御欠等。

註2 **連休：**此處的連休，指的是日本在四月底到五月初的「黃金週」連續假期，有別於學生的春假，黃金週主要是企業職員與公務員的例行休假。黃金週期間有許多原本就是國定假日的日子，包括四月二十九日昭和之日、五月三日憲法紀念日、五月四日綠之日、五月五日兒童日，因此大部分機構會將其中的非假日也改為休息日，形成為期一週以上的長假。

註3 **盂蘭盆節：**在東亞文化圈內，大部分國家的盂蘭盆節與中元節都是農曆七月十五日，差別在於盂蘭盆節源於佛教，中元節源自道教。日本的盂蘭盆節是唐代時傳入，融合當地民俗之後，發展出較為獨特的形式。明治維新前，該節訂於舊曆七月十三至十六日，明治維新後，改為新曆八月十三至十六日。現代的日本相當重視盂蘭盆節，通常都會放假一週，稱為「盆休」，期間會掃墓、祭祖，比較像是我們的清明節。

第

2

章

種植蔬菜

——持之以恆地栽培

少量多種類地持續種菜

從一開始就採用無農藥栽培

想要靈活運用有限的田地，少量多種類的栽培是最有效的。而且少量多種類還可以分散風險。對小型的農園來說，能夠持續收成蔬菜很重要。像風來只有三十公畝，面積是一般種蔬菜農家的十分之一。為了讓小型農地發揮最大的效益，我嘗試過各種方法。

譬如像農法，風來從一開始就實施無農藥栽培。在我剛開始務農時，無農藥栽培技術還不像現在這麼普及，所以從摸索的狀態開始。當時有一本《圖解・令人驚喜的家庭菜園教室》（編按：原名《図解 家庭菜園ビックリ教室》，井原豊著，農山漁村文化協会出版。本書無繁體中文版。）很值得參考。雖然這本書是一九九四年出版，已經是二十幾年前的舊書，但其中所教的許多方法，到現在看來仍是一點也不顯得過時，像是播種之後要鋤地，還有要讓蕃茄苗細長地橫向發展、促使莖部長根讓作物更強壯，以及保存種子的方法等，我仍在採用。

關於農業技術的書出了很多，以前我也試著參考過很多本，一下覺得這本有值得參考的地方，一下又覺得那本教的方法也很輕鬆，全憑自己的喜好去做，結果徹底失敗（成為重要的實際體驗）！因此我建議，參考農業技術書籍不宜貪多，也不要三心二意，決定好要根據哪一本來做，就先專注在那本上，徹底依照書中的方式去實踐，這樣對農業的認識才會比較深刻。

用手邊的材料製作發酵肥料

在我剛開始從事農業時（一九九九年），田裡的土壤缺乏養分，連雜草都長不出來，所以我請附近養豬的農家分我一些豬糞，用來製作堆肥，並主要以這些原料開始育土。在春、秋，一年兩次，以每十公畝土地配合豬糞堆肥兩噸與貝化石一百公斤的比例施用。

剛開始，我採用市面上販售的百分之百有機肥料（成分以魚粉為主，氮、五氧化二磷、氧化鉀的比例是六：七：四），但是除了成本高，我自己也不能保證這種肥料的安全性，所以後來改用自製的有機肥料，以認識的農家分給我的材料為主要來源（圖2-1）。

準備的工作在一月與七月，一年兩次，用迷你農耕機攪拌材料，一月要花三週發酵，七月的話只要十天，在十公畝的土地施加兩百公斤的肥料。我持續七年在做這件事。

改用碳循環農法

接著，在二〇一二年，我完全轉換成碳循環農法。碳循環農法就是為了提高碳與氮的比例，不使用氮肥，淺淺地埋入採收後的菇類菌床、堆肥樹皮、綠肥、雜草等，讓菇類的菌絲等絲狀菌發揮作用（詳細的原理請參考網路等資訊）。

風來的實際作法，就像圖2-2。

碳循環農法的優點是就像堆肥一

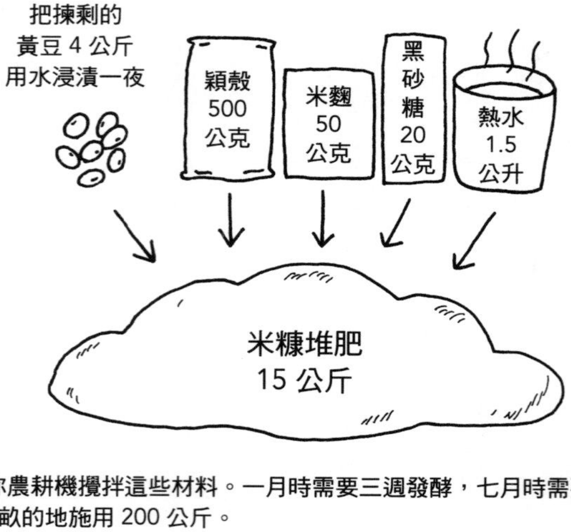

先用迷你農耕機攪拌這些材料。一月時需要三週發酵，七月時需要十天發酵。
每 10 公畝的地施用 200 公斤。

圖 2-1　發酵肥料的作法

樣，不需要攪動田裡的土，立刻就能替換。昨天還種著包心菜，第二天就能定植茄子。如果要說缺點，那就是初期生長緩慢吧。

想栽培安全又好吃的蔬菜

我會改用碳循環農法，是為了栽培更安全又好吃的蔬菜。對於個人販售、直售，究竟什麼是最重要的呢？在外觀、價格上，比不過大規模農園，所以需要別的價值。這可說是義大利蔬菜或香草植物強調「稀有」的原因吧。我以自己的客人為重，所以追求「安全而且美味」。

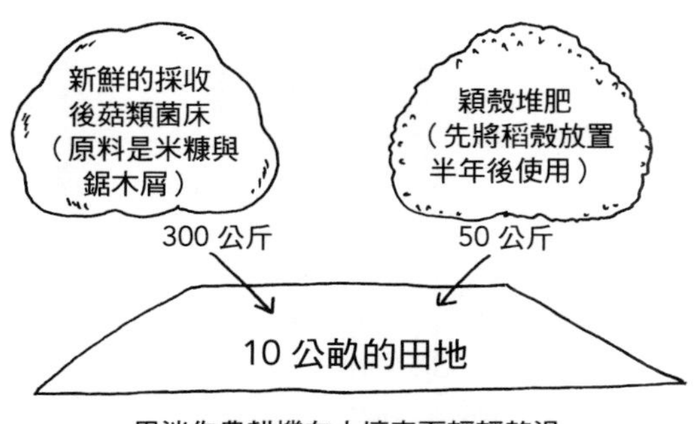

用迷你農耕機在土壤表面輕輕犛過。
從第二天就可以開始種植新的作物。

※ 這個農法的原理是：「只要採收過菌床上的絲狀菌還活著，施肥後接著播種、定植就都沒問題」。據說「菌床上包括蕈類等各種絲狀菌，為了確保地盤會捍衛有機物，所以分解的速度緩慢，一次不需要消耗大量的氮，不會造成氮的缺乏」。

圖 2-2　風來實施的碳循環農法

農法因人而異，而且因應每個地方的氣候與風土，適合不同的方法。我覺得在未來，有機或無農藥、自然農法的界線，可能會越來越模糊。重點不是表面上的種植方法，而是種出來的蔬菜會是什麼品質。除了農藥殘留的問題，硝酸態氮的數值也將會越來越受到重視吧。農家自己身為蔬菜的食用者之一（尤其是直售農家），我想這樣的意識會越來越重要。

現在，種菜最重要的原則是「蔬菜的栽培憑藉自然法則，而不是法律」。聽到這樣對地球環境有益或有害，人自然會思考，整頓出最適合蔬菜的環境，讓蔬菜自然生長。譬如，為了培育好的土壤，要讓微生物增加。因此風來把畦堆高，採用多種方法。藉著這些措施維持微生物（絲狀菌）容易生存的濕度。只要準備好這樣的環境，作法其實很自由。

2 混植讓效率提高

在每列田畦種植不同的作物

提高產量是農家共通的願望，但是對小型農家來說，與其一時有特定的蔬菜過多的豐收，不如持續地有多種類與平均的收成量。風來的田很小，每條田畦種的蔬菜都不同。就算是同一種蔬菜，也不會集中播種或定植，會分散開來。因為每列田畦的蔬菜收成時期都不同，所以也不能整地碎土、重新作畦。

所以，風來已經建立的田畦不會再更動，會一直固定。每列畦寬基本上都是一點五公尺（茄子、小黃瓜、蕃茄等果菜類佔一列，白菜、包心菜、青花菜等葉菜類佔三列，南瓜、西瓜佔兩列，互相間隔地種植）。由於採用不整地栽培法，只用迷你農耕機把田畦輕輕犛過，因此可以保持完整的田畦。

一塊田畦只有一種作物太浪費

在小型農園，一塊田畦只有單一種類的作物太浪費，所以必須進行混植。

混植還有一個優點，就是同樣面積的收穫量與銷售額都會增加，而且田畦的數量少，也可以省下很多工夫。如果採用收割機等大型機械，效率反而不好，對於手工採收的小型農家來說，混植不論在成本或時間上都有好處。

混植豆科植物可以幫助作物生長，減少病蟲害

也有些例子是混植後作物會生長得更好。首先最容易混植的是豆科植物，就算種在作物旁邊，也不會彼此阻礙生長。豆科植物有固氮作用，我覺得反而對豆類本身與作物的生長都有好處。

如果混植大蒜、洋蔥等作物，蟲類就不會靠近，也可以避免病蟲害。茄科植物與毛豆也有忌避的作用。

不過可別得意忘形了，不小心混植過多，會讓兩種作物都長不好，所以必須要考量兩

者之間的平衡。

在蕃茄、茄子、青椒的田畦旁種毛豆

譬如在種著蕃茄、茄子、青椒的田畦旁，種植毛豆（照片2-1），間隔三十公分（圖2-3）。種在兩側也可以，但是會防礙作業，所以我只種在一側。

毛豆過去叫作畦豆，似乎是因為總是種在田間的土堤或任何有空位的地方而以此為名，在風來並沒有為了種毛豆特地準備專屬的田畦。

大蒜與洋蔥也適合跟豆科植物混植

固定在早春收成的作物有蠶豆、大蒜、香豌豆、豌豆莢與洋蔥。

一片田畦可以種五列大蒜，間隔十五公分定植，在最外側的兩列每種植三株大蒜，就為蠶豆預留一點位置。到了十月以後，就可以在每個空位種下一粒蠶豆（圖2-4）。

洋蔥也同樣是一片田畦種五列，間隔十五公分種植。同樣在最外側的兩列，每種三株

照片 2-1 在種白茄子的田畦混植毛豆。*

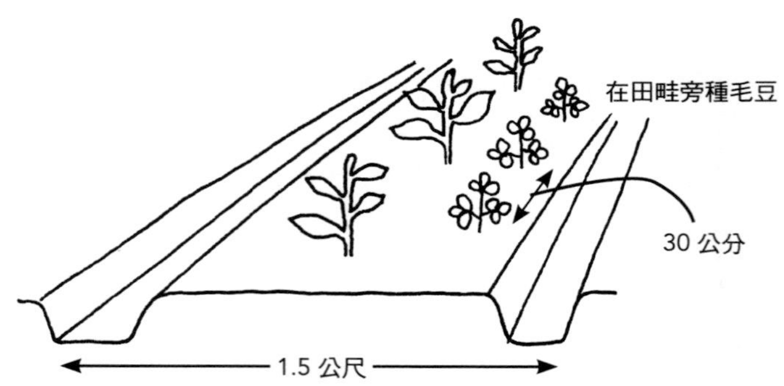

圖 2-3 在蕃茄、茄子、青椒旁種毛豆

洋蔥苗就留點空位，種下二到三粒香豌豆或豌豆莢（圖 2-4）。香豌豆與豌豆莢不耐冬季降雪量大或嚴寒的時期，為了補植，一月底可以先在苗床培育香豌豆與豌豆莢，到了三月在有空缺的地方定植。

如果豌豆莢長得越來越大，當然還是可以直接收成，但是如果太晚才採收，也可以當成在種豌豆。

蕃茄與九層塔、青紫蘇

蕃茄與九層塔、青紫蘇也很適合混植（靠近九層塔、青紫蘇的蜜蜂，有助於蕃茄花授粉），所以在每株蕃

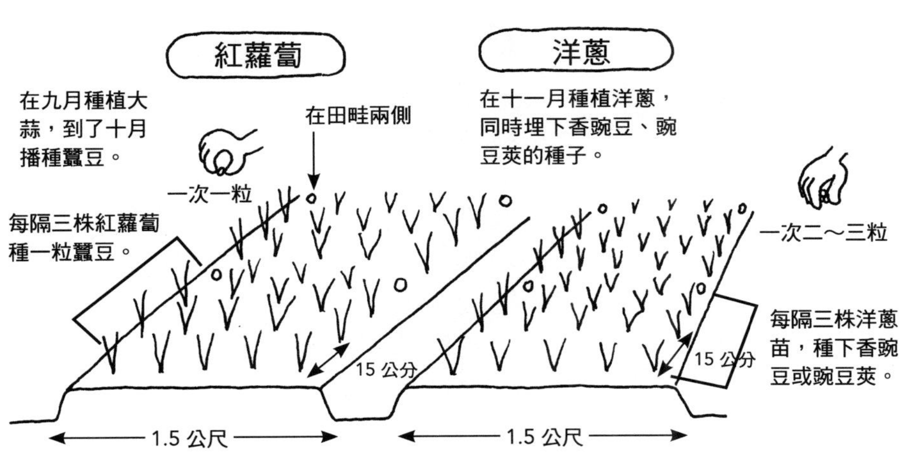

圖 2-4　讓紅蘿蔔、洋蔥與豆科植物混植

茄旁可以定植九層塔與青紫蘇苗。

十字花科的蔬菜彼此可以和諧生長，如果種植塌棵菜之類，在空位可以播下辣蘿蔔（註1）的種子。

在同一個時期收成

混植必要的條件是：各種作物可以在同一時期收成。譬如前面提到的大蒜與蠶豆，在收成蒜苗的時期，也可以順便採收蠶豆。在蠶豆的時期結束時，又可以收成大蒜。洋蔥、香豌豆、豌豆莢也在同一時期收穫。只要時機相符，重新作畦就會很順利。

3 藉著育苗，不讓田地閒置

混植是有效運用土地面積的方法，而另一種提升土地運用效率的方法，則是藉著育苗，縮短田地閒置的時間。如果先育苗，讓土地空下來的時間儘可能縮短，收成的次數就能增加，收穫量也會更多。

葉菜類可以多次採收

夏季果菜類會持續成長，只要延長種植的期間就好，但是葉菜類（尤其是嬌弱的蔬菜）或是根莖類只能收成一次。但是反過來說，倒沒有果菜類那麼消耗土壤的養分，可以多次種植。所以風來從八月底到十二月初，經常準備著菜苗，只要一收成就可以移植（照片2-2）。

照片 2-2 在溫室中一直有很多菜苗。*

具體來說，溫室栽培會採用寬一百三十公分的田間覆蓋物（附洞眼），間隔十五公分共五列（如果是五點四公尺寬的溫室，要鋪四列），準備好菜苗。水菜、小松菜、青江菜可以種在兩百個洞眼的溫室用塑膠植床，散葉萵苣、蘿蔓萵苣、半結球萵苣可種在一百二十六個洞眼的塑膠植床，栽培到適當大小後定植。在田畦裡蔬菜生長、收成的同時，也可以育苗，這麼一來就能毫不間斷地利用田地。

直接播種失敗時，育苗可以作為替補

先育苗，可以作為備用，如果田裡有空缺就補種上去。育苗可以控制澆水量，所以發芽率很好，但若所有的蔬菜都要先育苗再移植，太費工夫。因此通常會直接將種子播在田裡，不過有時也會發生沒發芽、初期生長不理想的狀況。在面積小的田裡如果出現空缺很浪費。尤其是秋冬的蔬菜，只要晚一天準備，收成的時機可能會晚一到兩週。

在田裡播種的同時，為了安全起見，也育苗作為準備。尤其像豆類的發芽率很差，有必要這麼做。在風來，在田裡直接播種，同時也育苗的作物，包括甜菜（種在一百二十六個洞眼的塑膠植床）、塌棵菜（兩百個洞眼）、芥菜（兩百個洞眼）、蕪菁（一百二十六個洞眼）。蕪菁也可以先育苗再定植。

在收成地瓜的同時，加種冬季馬鈴薯

有些作物定植與收成的時期重疊，比如地瓜與冬季馬鈴薯。在北陸地方，地瓜的收成與馬鈴薯的定植，都在八月底到九月初。當然也可以先準備好冬季馬鈴薯用的田畦，但是冬季馬鈴薯的產量比春季馬鈴薯少，這樣做有點浪費。因此風來在八月中旬先讓馬鈴薯長出芽。在稻子的苗箱裡敷上薄薄的一層土，將切成適當大小的馬鈴薯切口朝下排列，上面再覆蓋一層土。這樣可以讓定植時期提早兩週，在地瓜收成的同時，就可以定植馬鈴薯。

馬鈴薯並不需要太多養分，在地瓜收成後直接定植，收穫量也不會有太大改變。

4 留下側芽可以連續採收

如果只收成一次很浪費

包心菜與白菜，一般在採收後就結束了。但是在風來，我們不只將包心菜、白菜視為「葉菜類」，更會利用它們的芽，重覆活用（圖2-5）。

以前，我看到包心菜收成後，沒過多久就長出側芽，心裡覺得很浪費。所以我很認真地嘗試，看能不能繼續第二次、第三次收成，結果獲得豐富的收穫。

在實行之後，就知道適合的品種與不適合的品種，以及其他的要訣。那就是品種與定植時期、留下側芽的方法。

適合連續採收的品種

可以多次採收的品種，包括圓葉系與春季包心菜。

圓葉系雖然長得比較小，但特徵是可以種得比較密，而且據說很會吸收養分。我想或許適合多次採收。

結論是，迷你包心菜、迷你白菜這類小株蔬菜，適合連續採收。為了能早點採收，依照後面建議的步驟，可以讓菜芽更容易生長。

第一次收成的時期很重要

最重要的是第一次的定植時期。

在北陸地方如果在九月初定植，十月中旬就可以收成，這樣真的很理想。如果收成時留下許多外側的葉子，過了不久就會長出側芽，漸漸長大。要是到

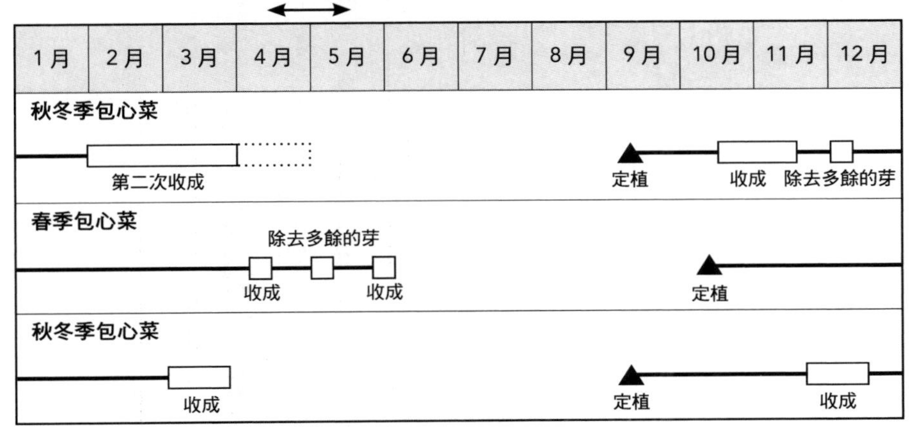

圖 2-5　包心菜、白菜的栽種時期

九月後半才定植，側芽就不會再長大。

留新長出的側芽時，每兩片就預留一點空間，翌年初留下其中形狀長得比較好的一片，這樣過了兩、三個月之後，又可以再收成（圖2-6）。要是側芽留太多，一定長不大。雖然也要看那一年的氣候，如果順利的話，到了四月就能再收成一次。在風來，即使到第二次收成以後，還是會留下側芽。從四月下旬以後氣溫持續暖和，葉芽也會持續生長。風來會採收這些作為包心菜芽販售，代替青花筍，由於口感柔軟獲得好評。

不過，包心菜的生長狀況隨著每個地域的氣候，有很多變化。如果要多次採收，我想在各地應該會有不同的耕種方法。

春季包心菜與冬季白菜

如果要種春季包心菜，最好稍微提早在十月中旬時播種，翌年四月中旬就可以收成。收成後如果同樣摘除多餘的芽，到了五月底就可以再收成一次。同樣地，稍後也可以賣包心菜芽。到第二次、第三次收成時，包心菜會長得比較小顆。

冬季的白菜在收成時，如果留下一些外層的葉子，就會長出側芽。如果時機恰當的

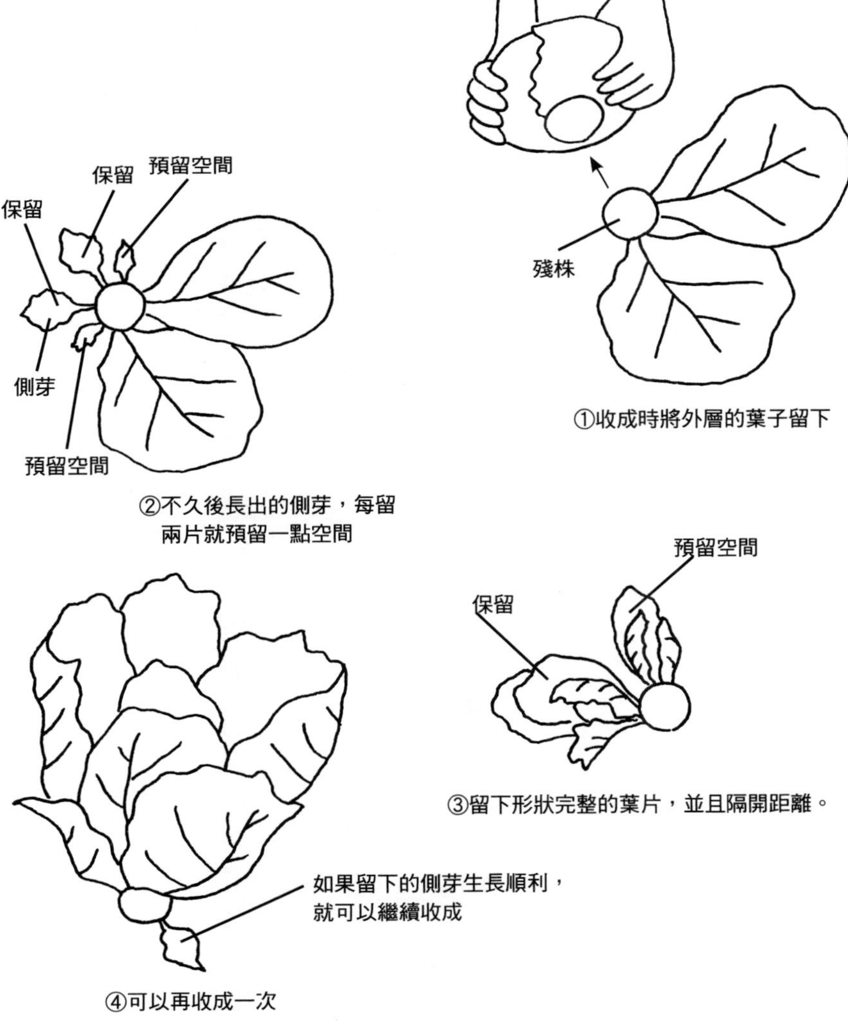

圖 2-6　採收包心菜的側芽

話，在初春就可以收成小株的白菜，而且就算白菜還不夠成熟，也可以先採收花芽。

5 包心菜、萵苣、白菜的超密植栽培

在春季的農閒期採收

在我們北陸地方，據說從四月中旬到五月中旬是蔬菜產量最少的時候，因此為了這個時期，我會在溫室中進行超密集栽培（圖2-7）。

在二月中旬，我同時播種圓葉系包心菜與半結球萵苣，還有小型白菜，進行育苗。接著，在三月中旬，將菜苗定植（圖2-8）。使用寬一三〇公分附洞眼（孔徑四十五釐米）的覆蓋物，間隔十五公分排成七列。在左右兩端與正中間定植白菜（跳過一個洞眼，間隔三十公分），其間的列種圓葉系包心菜，不與白菜緊鄰，要錯開來（同樣間隔三十公分）。在包心菜的隔壁列定植萵苣（跟包心菜一樣，同列維持三十公分的間距）。這樣過

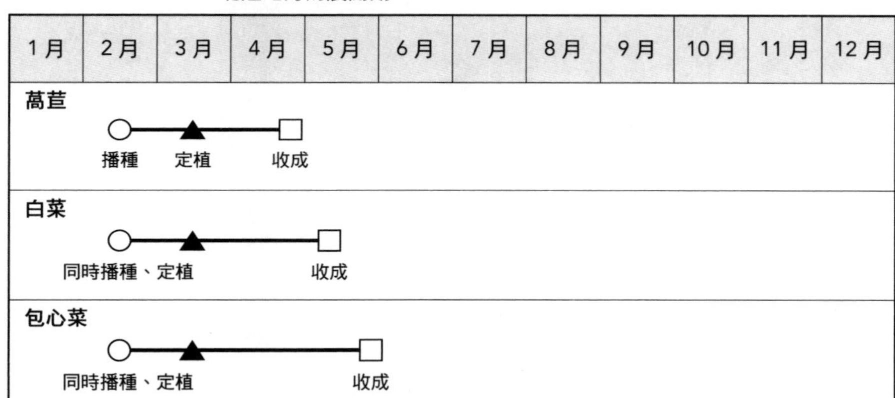

圖 2-7　包心菜、白菜的栽種時期

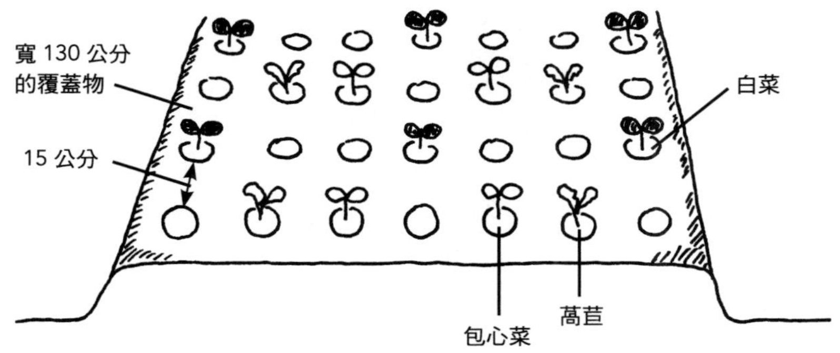

圖 2-8　超密植栽培的包心菜、萵苣、白菜

了一個月後，首先可以收成萵苣，接著過了半個月後（五月初）收成白菜，然後在五月後半可以採收圓葉系包心菜。

因為小型所以適合直售

由於這三種蔬菜生長的速度不同，不會搶走彼此的光彩。這三種蔬菜收成後幾乎都不會留下殘株。雖然它們的個頭都不大，但在直售時小型蔬菜很受歡迎（蔬菜組合最適合以小型的來搭配），所以我喜歡這種作法。

不過，白菜的生長會因為氣候而提早，半結球萵苣如果曬到太多陽光，也會變得細長。因此，我最近也會在原先種萵苣的地方，種下櫻桃蘿蔔或小蕪菁。

終極的超密植栽培，訣竅是苗

日文有個專有名詞叫「反收」，指作物在單位面積的收穫量。單位面積收穫量最高的是什麼呢？不是特定的某種農作物，答案是苗。正因如此，可說是終極的超密植栽培。

在風來，每盆直徑九公分的蔬菜苗，以兩百日圓（約新台幣五十五元）的價格販售（不含稅）。在五十公分乘以三十公分的育苗盤裡，可以盛二十四盆，估計在一坪（三點三平方公尺）的空間可容納五百二十八盆，乘以兩百日圓（約新台幣五十五元），等於十萬五千六百日圓（約新台幣兩萬九千元）的營業額（圖2-9）。我想沒有任何一種農產品可以達到這樣的坪效。

我們一開始販售菜苗，是想藉由讓大家培育蔬菜，宣導農業的優點與難處，於是菜苗在早春成為重大的收入來源。銷售時間雖然很短，也不可能持續一整年，但是我覺得把菜苗當成農作物

一坪（3.3 平方公尺）有 105,600 日圓（約新台幣 29,000 元）的銷售額
（528 盆 ×200 日圓〔約新台幣 55 元〕=105,600 日圓〔約新台幣 29,000 元〕）

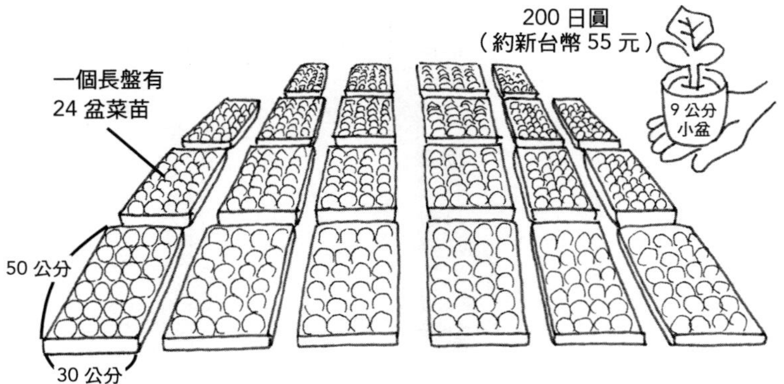

圖 2-9　採用超密植栽培生產菜苗

販售也很有趣。

販賣菜苗的秘訣是活用農家的特色。風來販售的菜苗雖然高於市價，卻有很多人願意特別付運費購買。因為是專門種菜的農家培育的菜苗，所以種植時如果有不懂的地方，可以詢問，這或許也讓大家感到安心吧。這些喜歡問問題與告知生長狀況的客人，後來也繼續成為風來的常客。

6 為了搭配蔬菜販售組合，選擇品種

不要推出過多特殊的蔬菜

將當季蔬菜搭配成組裝箱配送，現在已經成為風來的主力商品。蔬菜組合的搭配，也經過各種各樣的嘗試。最近我了解到，種植蔬菜的能力，與搭配蔬菜的能力是兩回事。就算很會種菜，如果只是隨農園自己的方便搭配，客人未必會喜歡。相反地，如果懂得思考客人喜歡什麼樣的組合，就不會陷入蔬菜大小或看起來是不是很華麗的迷思。

就像前面提到的，若要持續推出蔬菜組合，就必須一整年穩定地備齊種類。不過，提到對特別蔬菜的接受度，人們其實要比想像中保守。最近在直售所有些農家販售特別的蔬菜，結果乏人問津。風來也會種出各種各樣奇特的蔬菜，但恐怕還是在大家預期範圍內可想像怎麼吃的蔬菜比較好吧。

入口即化的極品「在來青茄子」

在各種獨特的蔬菜中，也有受歡迎的，例如在來青茄子（自然農法種子）。比美國茄子更美味，烤過之後裡面會變得入口即化，可說是極品。另外還有半結球萵苣，做成沙拉很美味，不需要農藥就能輕鬆地栽培，這是我很喜歡的一點。還有可以生吃的黃色南瓜也很受歡迎（蔬菜組合裡有附吃法的插圖）。

從初春到初秋，有項重要的作物，叫作櫻桃蘿蔔。那是像冰柱般細長的迷你版白蘿蔔，可以像蕪菁一樣密集地種植，也可以刨成蘿蔔泥使用。做成醃漬物也很討喜，不論做成米糠醬菜或淺漬都很有人氣。

在春季的農閒期種植甜菜、莙薘菜

如果要全年都能出貨，在農閒期究竟要種什麼，就會成為問題。大家可能以為北陸地方的農閒期應該在一、二月的寒冬，實際上卻是在四月中旬到五月中旬。在這個時期，春季蔬菜還沒生長，冬季蔬菜已經開過花。

在這樣的四月時節，十一月初播種的甜菜、食用甜菜就很重要（照片2-3）。甜菜是藜亞科菠菜的親戚。在零下二十度的俄羅斯也能夠生長，非常耐寒，長出花芽的時期也很晚（五月），當其他蔬菜長

照片 2-3　甜菜的葉子。

照片 2-4　莙薘菜的葉子。

出花芽時，也可以收成。

本來根部的紅色部分是最主要的，但是葉子也很美味，所以風來也把甜菜當成葉菜類出貨。

甜菜的親戚莙薘菜也同樣比較晚冒出花芽，在農閒期非常珍貴（照片2-4）。

我也試過各種各樣的新品種，卻證明了從過去以來長銷的品種比較穩定，最後又回到標準的品種……經常發生這樣的事情。最重要的是實際嘗試，而且只有農家能這麼做。

7 為了製作醃漬物選擇品種

可以從食材的品種開始選擇，是農家的特權

在風來，會把剛採收的蔬菜加入蔬菜組合，或是做成醃漬物等加工品，主要在網路上販售。

可以自己栽培食材是農家的特權。換句話說，也只有農家才可以選擇品種，這就是農家的強項。以下介紹的，都是我自己種過覺得不錯的品種，希望能給大家提供參考。

適合做泡菜的白菜「健春」

如果要醃漬白菜，像韓國、中國等大陸的品種會比日本品種更合適。在風來種的是春天播種的健春品種（照片2-5）。健春是由來已久的品種，採種自韓國。大家都說韓國產的紅蘿蔔、辣椒帶有甜味，健春也是。或許因為土壤不同，日本的蔬菜相對地比較香，煮起來也很好吃，但是生吃時多少帶有苦味。健春用鹽醃漬時，不會帶有苦味。

不可思議的是，健春或韓國紅蘿蔔、韓國辣椒在第一年收成時，跟在韓國種的味道一樣，但若拿來採種培育，長出來的蔬菜就會跟日本品種味道一

照片 2-5 健春白菜。

樣。這或許是蔬菜因為會順應當地風土吧。現在也出現做泡菜用的白菜，與做醃漬物的白菜等品種，試試看說不定也不錯。

小黃瓜採用四葉系「疣美人」

最適合做醃漬物的小黃瓜，當然是四葉系黃瓜。因為皮薄，做成醃漬物以後，還會留下清脆的口感。

每家農產公司都會推出容易種植的短形四葉小黃瓜。因為滋味好吃、收成量也不錯，所以風來種的是疣美人（自然農法種子）。

結實比較大條的小黃瓜，就切成三、四公分的大小，做成黃瓜泡菜、醃黃瓜，小條的就整條淺漬，如果大小適中，就拿去做米糠醬菜。

肉質細緻的茄子「千兩二號」

在茄子當中，我試過圓形的水茄子、長條的茄子等各類品種。我們農園種植的基本品種是千兩二號，沒想到正適合拿來做淺漬、米糠醬菜。因為肉質細緻，味道會徹底滲入，做成醃漬物之後口感很好。

白蘿蔔主要分成兩種

▼淺漬適合用肌理細緻的「源助」

「源助」白蘿蔔只能在秋季到冬季栽培，做成鰹魚蘿蔔或淺漬都很美味。據說做成關東煮最好吃，此外，因為紋理細緻，用來醃漬也很理想。不過因為外型圓短，而且小顆一點比較好切，所以我會在同一處種兩顆。

照片 2-6　最適合做澤庵漬的白蘿蔔「青之幸」。

▼澤庵漬（註2）適合大小一致的宮重系綠頭蘿蔔

如果要做澤庵漬，宮重系的綠頭蘿蔔最適合，因為在冬天風乾後，自然會滲出甜味。宮重系也有分成很多品種，在風味上有微妙的差別，風來選擇大小比較一致的「青之幸」蘿蔔，間隔十五公分種植（照片2-6）。冬季風乾後，形狀漂亮的就做成澤庵漬，形狀不好看的就切片做成松前漬（註3）。

適合做米糠醬菜的「日本黑瓜」

農家特有的醃漬物，就是用日本黑瓜做成的米糠醬菜。

日本黑瓜的皮薄、質地柔軟，口感卻很清脆。不過拿來醃漬後容易扁塌，成功率很低，所以，專門做醃漬物的商家，很少把黑瓜當原料。這可以說是只有農家會推出的醃漬物。現在回購的客人增加，已經變成受歡迎的商品。

農家的優勢是可以選擇食材的品種，而且還能配合適合的生長方式，這難道不是一大優點嗎？如果只想著讓作物長得更大、看起來更漂亮而施加過多氮肥，結果會讓蔬菜殘留苦味。如果一開始就想到要做醃漬物，跟外觀相比，可以更重視滋味、食用的安全性，這會成為一大賣點。

當然，如果要自己種所有的蔬菜及其他材料，那也很難提高加工食品的製造量與銷售量吧（風來也不是所有的蔬菜都自己種）。我想這時候可以找熟悉的農家合作。光是對品種與耕種方法有所了解，就有加分的效果。

註釋

註1 **辣蘿蔔：**原文為辛味大根，又稱為吹散大根。屬於「京野菜」之一（二〇〇九年，京都地區特產的蔬菜，被京都府官方定義為「京野菜」），葉與莖部均呈現紫色，直徑大約四到五公分，重量介於三十到五十公克，具有辛辣的味道，常被拿來與蕎麥搭配食用。

註2 **澤庵漬：**就是醃蘿蔔，日本最普遍的漬物之一。基本上有兩種做法：一種是先日曝曬乾，然後用米糠和鹽醃漬；另一種是先鹽醃脫水，再以米糠和鹽醃漬。日曝型的外皮較皺，味道較濃；鹽醃型的則是較為光滑，味道也比較淡。此外，由於澤庵漬使用米糠醃漬，因此通常呈自然的黃褐色。相傳澤庵漬是江戶時期的僧侶澤庵宗彭發明，但比較可信的說法，是貯存漬的「貯え」（たくわえ Takuwae）與「澤庵」（たくあん Takuan）日文發音相近，因此才被冠上這個

名字。

註3 **松前漬：**日本北海道松前町的一種傳統鄉土漬物，主要原料是魷魚絲和昆布，由於松前町是港口，因此當地漬物多以水產為主要原料。

第3章

做醃漬物、點心

——製作能夠長時間銷售的加工品

1 除了新鮮食材還可以加工販售

延長銷售時期

種蔬菜的農家，只要將某種程度（二到三公頃）的收成直售，新鮮農產品的貨源就已經很足夠。如果再分一部分加工，會比只販賣新鮮蔬菜分散一些風險，感覺更穩定。

一般來說，加工品的優點是增加附加價值、可以提高價格，但並不只是如此而已。我深切地感受到，能夠延長保存期間、控制販售時期，是加工最大的優點（圖3-1）。

譬如像小黃瓜。在初夏時如果遇到爆發般的豐收，到處都會變成小黃瓜氾濫的狀況。與其廉價出售，不如先用鹽醃，然後找時間以米糠醬或味噌醃漬，這樣就可以慢慢擺到晚秋熟成時拿出來賣。藉由試著加工，可以擴展各種各樣的可能性。

目的是提高所得

現在，日本政府鼓勵「農業六級產業化」(註1)。農林水產品的生產是第一級產業，加工後是第二級產業，為加工品提供販售的服務業是第三級產業，將一、二、三加起來是第六級產業。

如果只賣生鮮蔬菜——

只要試著加工——

圖 3-1　藉著加工延長販售時間

表 3-1　風來的醃漬物一覽表

種類	品名	容量（公克）	未含稅價格（日圓）
泡菜類	白菜泡菜	150	300（台幣 82 元）
	白蘿蔔泡菜	150	300（台幣 82 元）
	小黃瓜泡菜	150	300（台幣 82 元）
	加賀蕪菁泡菜	150	300（台幣 82 元）
	炒豬肉專用泡菜	300	600（台幣 165 元）
淺漬類	白蘿蔔的淺漬	150	300（台幣 82 元）
	加賀蕪菁的淺漬	150	300（台幣 82 元）
	白菜的淺漬	150	300（台幣 82 元）
	小黃瓜的淺漬	四根	300（台幣 82 元）
	茄子的淺漬	三個	300（台幣 82 元）
白蘿蔔類	柴魚漬白蘿蔔	180	250（台幣 69 元）
	梅子柴魚漬白蘿蔔	180	250（台幣 29 元）
	柚子白蘿蔔	180	250（台幣 69 元）
米糠醬菜	當令蔬菜米糠醬菜	一袋	350（台幣 96 元）
	小黃瓜米糠醬菜	兩根	250（台幣 69 元）
	茄子米糠醬菜	三個	300（台幣 82 元）
	加賀蕪菁米糠醬菜	150	300（台幣 82 元）
醋漬	醃菜	200	300（台幣 82 元）
	蕪菁千枚漬	150	300（台幣 82 元）
	薤（藠蕎）	150	300（台幣 82 元）
酒糟漬	黑瓜酒糟漬	對半	400（台幣 110 元）
	加賀瓜酒糟漬	對半	400（台幣 110 元）
海產類	能登鯖魚的米糠醬菜	一條	1000（台幣 275 元）
	能登烏賊製成的鹽辛	120	400（台幣 110 元）
只限年底 10 天販售	蕪菁壽司	一個	640（台幣 176 元）
	白蘿蔔壽司	一個	400（台幣 110 元）
	松前漬	150	400（台幣 110 元）
風乾醃蘿蔔	風乾醃蘿蔔	150	400（台幣 110 元）

*價格有可能變更（最新價格依「風來」官網為準，新台幣換算採用 2017 年 6 月時的匯率）。

不知道為什麼，農水省（註2）的人偶爾會來風來。我想他們可能把風來當成稀有動物吧……風來的實力，足以不依賴補助金或支援金，所以可以照自己的意思去做。不過以前農水省的六級產業化專門官曾經來訪，於是我詢問對方：「你們有沒有調查過，從事六級產業化的農家，在轉型前與轉型後的所得有什麼變化？」得到的答覆是：「我們目前還沒想過這些。」

就算在一般公司，如果要展開新事業，一定會進行PDCA（Plan・計劃→Do・實行→Check・評價→Act・改善）。知道連第三階段的評價都不進行，把我嚇了一跳。我擔心這樣下去可不是「國破山河在」，而是「農家破產加工廠依舊在」。

現在必須慎重考慮的是，農家投入加工、販售的六級產業化，原本的目的究竟是什麼？只為了加工與銷售而變得忙碌不堪，並不是轉型的目的。最好的答案或許是為農產添加附加價值銷售，但那只是手段。原本的目的不是提高表面上的業績，而是增加收入，也就是農家的所得吧。因此，以適當的價格販售很重要。

物美價廉的日常好食材

加工品跟農產品一樣，如果要壓低價格與追求美觀，不是大規模耕種的對手。但有很多因為規模小而能做的事。

風來的原則是「做出物美價廉又符合食品安全標準的日常好食材」。以此為出發點，目標是提供無添加的加工食品，而且能在口中留下好滋味。以下舉出具體的例子，介紹風來的作法。風來的醃漬物內容，就像前面的表3-1。

除此之外，也有臨時想到或是增加當季蔬菜的情形（譬如芥末籽漬櫛瓜），這些都是風來一年間的醃漬物。隨著季節不同，各有能製作與不能製作的項目。我們會常態性準備十五到二十種醃漬物，這是經各種嘗試後演變而成的現況。

2 經過淺漬後販售

淺漬的白菜泡菜

這是風來最受歡迎的泡菜。當初會做這款泡菜，是因為淺漬現在很好賣，越基本的食材，果然越有實力。

淺漬的製作方式很簡單，老實說，起初我還懷疑，這真的能當商品販售嗎？但是現在一般人已經很少在家裡做醃漬物，而且淺漬吃起來又像沙拉，所以有很多人喜歡。風來會把各時期的當令蔬菜淺漬後販售（圖3-2）。

基本比例是醬油三：味醂三：醋一

以前聽到客人說「風來的醃漬物吃得出蔬菜的味道」，剛開始我心想：這不是應該的嗎？那位客人繼續告訴我說「現在的醃漬物，如果閉上眼睛只嘗到調味料的滋味，沒什麼

材料	
白菜	一顆（3 公斤）
蘋果	一個（350 公克）
大蒜	半球（40 公克）
薑	25 公克
韭菜	30 公克
辣椒	60 毫升
糠蝦鹽辛	30 公克
味噌、魚醬	適量
天然鹽	適量

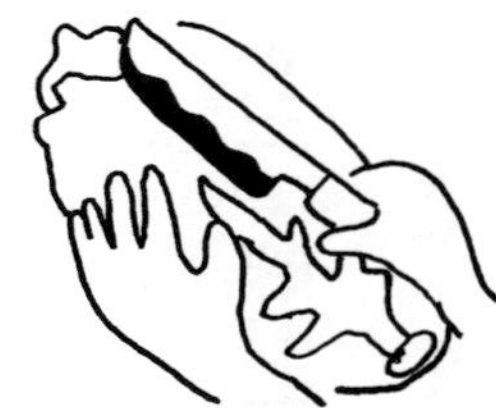

將白菜切成約一口的大小。

②

用相當於白菜重量 3% 的鹽醃漬一晚。

③

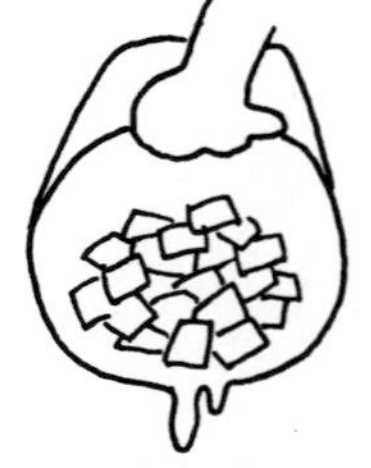

醃漬一晚後把水瀝掉。

將蘋果、大蒜、薑刨絲，混合韭菜、辣椒、糠蝦鹽辛混合。視個人喜好可以加些味噌、魚醬提味。

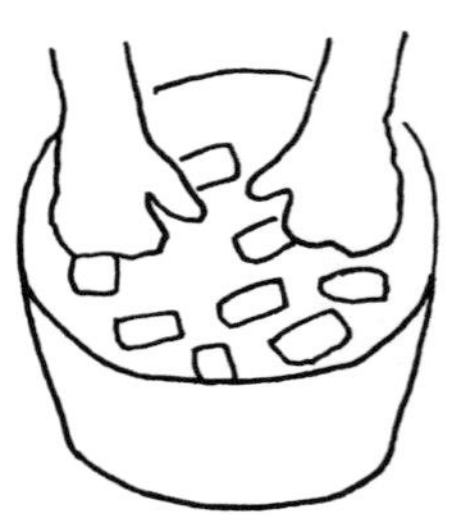

把瀝去水分的白菜與調好的佐料充分搓揉拌勻。

⑥

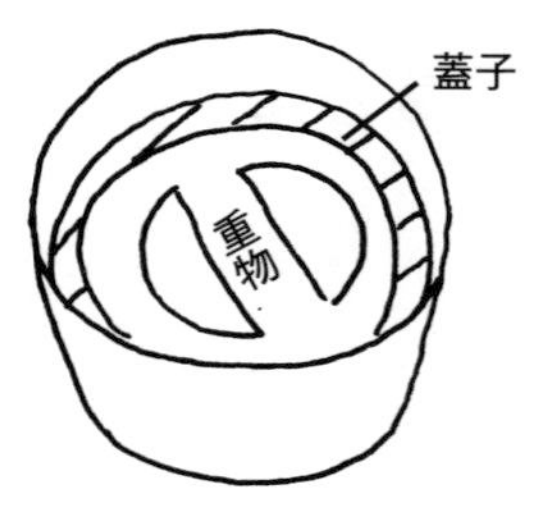

將重物壓在蓋子上，放進冰箱冷藏。大約到了第三天就可以食用。

※ 如果家裡有小孩，就稍微調整辣椒、大蒜的量。

※ 在佐料添加米粉，可以讓白菜調得更勻（會稍微讓發酵加速）。

※ 冷藏一週後會有酸味出現，不過無添加物的泡菜加熱後，酸味就會變成甜味。

圖 3-2　白菜泡菜的作法

蔬菜的味道，根本不曉得是用什麼蔬菜做的。」於是我明白了。為了大量製造與長期保存，無論如何必須把調味變得很濃。而我們是小農家，所以特別重視食材的滋味。

風來淺漬的作法，是先用鹽（蔬菜重量的百分之三）醃蔬菜，然後以淺漬用調味料浸漬一晚就完成了。這種淺漬用調味料只要用醬油、味醂、醋以三比三比一的比例調合，非常簡單。這道食譜也在醃漬教室等場合公開。

不過，就算是同樣的食譜，只要調味稍微有一點變化，味道就完全不同。持續下去就會產生所謂的特色。現在在網路上很容易找到各式各樣的食譜。我想，怎樣轉化成自己的拿手菜，要憑經驗。

可以讓淺漬保存更久的冰溫環境

不過，淺漬雖然製作簡單，卻有難以保存的問題存在，因此在風來，基本上只在接受訂購後製作，接到訂單後才開始醃漬。但若一袋一袋地製作，太費工夫，所以我們會稍微先做一些（以五袋為基準）。

保存的時間長短，可以根據醃好後保存時的溫度控制來調整。這時擔任重要角色的是冷凍櫃（照片3-1）。利用「鹽分加上零下零點七度」，可以讓醃漬物維持在冰冷但又不會凍傷的溫度。也就是說，如果鹽分佔百分之三，那麼效果就等於是零下零點七度的三倍——零下二點一度，醃漬物既不會結凍、也不會讓細菌繁殖，可以長期保存（圖3-3）。譬如泡菜，本來只能擺兩週，冷凍在零下零點七度就可以保存四週。我想，像這樣的少量生產，正是因為規模小所以才能夠實現。

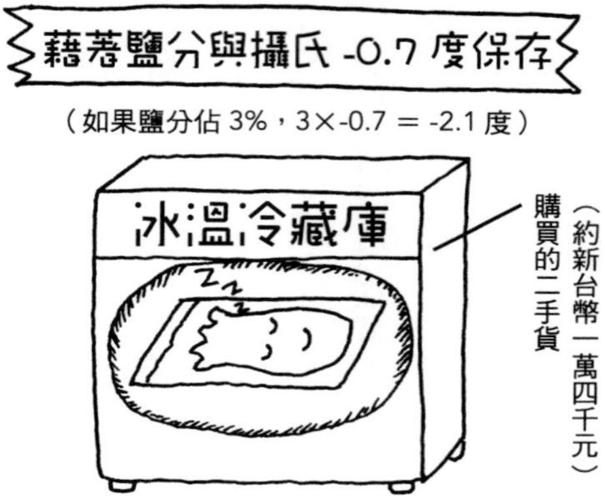

藉著鹽分與攝氏 -0.7 度保存

（如果鹽分佔 3%，3×-0.7 ＝ -2.1 度）

冰溫冷藏庫

以五萬日圓（約新台幣一萬四千元）購買的二手貨

圖 3-3　可以讓淺漬保存更久的低溫環境

照片 3-1　冰溫冷藏庫。*

3 傳統的醃漬物

意外地也受年輕人歡迎

令人意外的是，一直以來受到客人喜愛的米糠醬菜、蕗蕎漬、梅乾、澤庵漬等，都是傳統的醃漬物。

原本，我以為年輕人對這些食物不會有興趣，但有不少人只吃過一次，就喜歡上了這些傳統的滋味。或許是因為現在是真食物變得少見的時代。說是澤庵漬，卻根本沒有把蘿蔔風乾就醃漬；說是梅乾，也只是把梅子浸在調味液裡。如今，這種情形十分常見。正因為自己是農家，所以我認為讓大家嘗到傳統的食物滋味很重要，這也將是農家本身要維護的目標。如果不曉得真材實料的食物是什麼樣子，就無法將價值傳承下去。

出乎意料，有許多年輕人對醃漬物課程感興趣，或許是年輕人現在對食物的危機意識特別強，我想這也可以作為一種訴求。

傳統的醃漬物作為儲存的食物，具有可長時間保存的優點。如果以淺漬加上長時間的醃漬物，就可以持續維持種類的豐富度。

寒乾澤庵漬

所謂的寒乾澤庵漬，就是北陸地方在十一月底或十二月初收成白蘿蔔之後，先風乾兩週左右後製作的漬物。若遇到霜降，蘿蔔的質地就會變得空洞，所以最好在有屋簷且通風良好的地方風乾，或是用稻草編的蓆子之類覆蓋。如果是松前漬的話，蘿蔔質地有點鬆也沒關係，但若用來做澤庵漬的話，吃起來口感會不太一致，最好避免使用。

到了一月，天氣就會變得太冷，要自然風乾變得很困難，所以時期很重要。如果試著去彎曲風乾的白蘿蔔時，覺得完全沒有困難，那就已經完成了。形狀漂亮的可以拿來做成澤庵漬（圖3-4），個頭小或是長得有點彎曲的，就做成松前漬（圖3-5）。

靈活的少量販售

風來將這些醃漬物送到全日本幾處自然食品宅配團體。以我們提出的價格出貨，不過

材料	
風乾白蘿蔔	5 公斤
米糠醬	650 公克
鹽	275 公克
晶粒砂糖	270 公克
辣椒	5 根
乾燥的柿子皮（如果有的話）	適量

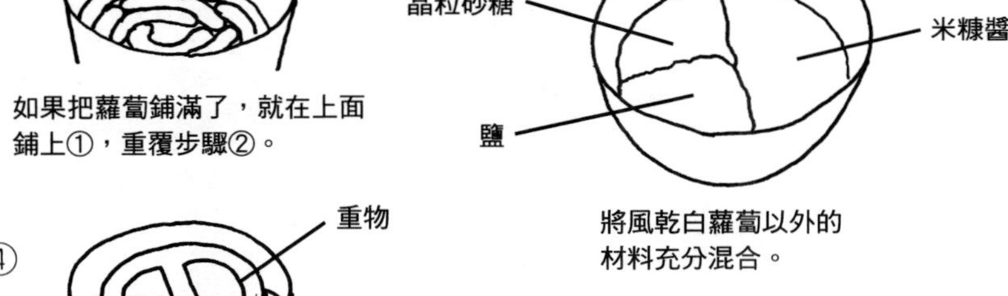

將風乾白蘿蔔以外的材料充分混合。

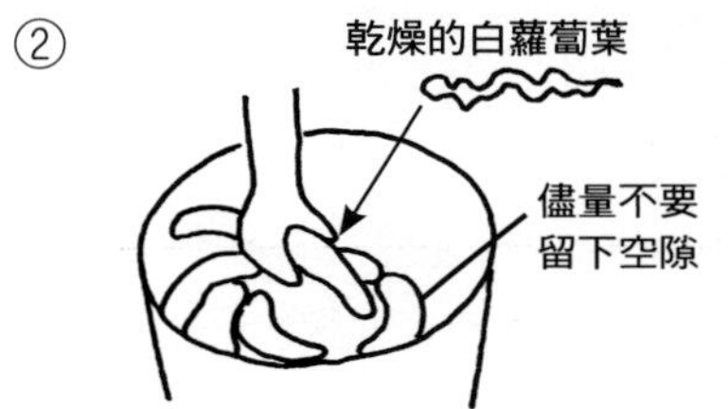

將①的材料放入桶底，上面鋪滿風乾白蘿蔔。若有縫隙，就塞入乾燥的白蘿蔔葉（有柿子皮的話更好）。

如果把蘿蔔鋪滿了，就在上面鋪上①，重覆步驟②。

以重物壓著，醃漬一個月左右，熟成後就完成了。

圖 3-4　風乾白蘿蔔的作法

材料	
風乾白蘿蔔片	2 公斤
昆布	10 公分
烏賊（不包括觸腳的部分）	1 隻
鯡魚的魚卵	500 公克
紅辣椒	1 根
浸漬液	
醬油 300cc ／酒 200cc ／味醂 300cc ／醋 50cc ／魚醬 30 cc ／晶粒砂糖 40g	

①

先將風乾白蘿蔔切成片狀。如果蘿蔔個頭比較大，就切成四分之一片。因為切片後容易發霉，所以得將蘿蔔片依照每次使用的量分袋裝，放進冰箱冷藏。如果要長期保存也可以冷凍。

②

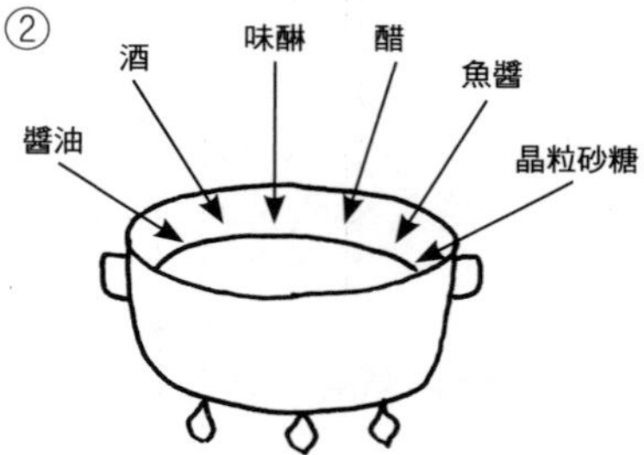

將浸漬液的材料放入鍋中，放在火上加熱，在快要沸騰前關火。經過加熱處理，可以做出味道會更調和、能保存更久的松前漬。在徹底冷卻之後就可以使用。

③

將鯡魚卵切碎，浸在充足的水裡，加入一小撮鹽。放置一整晚讓鹹度變得剛剛好。

④

將風乾白蘿蔔浸在攝氏 80 度的熱水裡30秒，放在篩網上瀝去雜質。再澆上水，冷卻後用重物壓著，除去水分。

⑤

將切成條狀的昆布與魷魚、瀝去水分的風乾白蘿蔔、鯡魚卵、紅辣椒放在容器裡，加入醃漬的汁液。充分攪拌直到昆布變黏為止。

⑥

在冰箱冷藏 5 天，熟成後就完成了。賞味期限大約是 2 週左右。

圖 3-5　松前漬的作法

運費另外計算。每個團體的規模不一樣，但是送到各處的量都不大，每次有五到八種醃漬物，合計約三十袋左右。這樣的銷量對風來其實也剛剛好。

在需求量少的地方，也有每月兩次、每週三次各出二十袋左右的情形，不過在九州每次出貨到那裡，光是運費就超過一千日圓（約新台幣兩百七十五元）。我自己本來也有點擔心，心想對方還會不會繼續訂呢？如果是零售業的話，一次出貨的商品只有一種，所以小而靈活看來反而是優點。客人當中也有很多人對食物有所講究，所以能跟這樣的單位往來或許也不錯。

4 艾草糰子與欠餅

跟醃漬物一樣賣得很好

風來的加工品，有很多作法是我母親教的，除了醃漬物以外，還有艾草糰子、風乾白蘿蔔欠餅（以下簡稱為欠餅）等和菓子，現在也都是風來的人氣商品。以前做艾草糰子和欠餅時，我只是在一旁幫媽媽的忙而已，現在都靠自己來做了。（每週三早上做艾草糰子，欠餅則是在年初時動員全家製作）。

這個工作形態，建立於二〇一二年，契機是風來從有機農業轉換成無肥料栽培的碳循環農法。碳循環農法的特徵是作物的初期生長緩慢。在剛開始替換農法時，要出蔬菜組合時經常欠收，陷入無法正常出貨的困境，不僅客人大失所望，我們的銷售額也遽減。因為非得要推出產品不可，所以我決定製作艾草糰子。

艾草糰子或欠餅這類傳統的和菓子，在直銷所也很受歡迎，跟醃漬物一樣賣得很好。

母親傳授的食譜

雖然我幫忙做過艾草糰子與欠餅，也有媽媽的食譜，但實際上試著動手做時，還有很多不了解的地方。持續做下去，我才明白食譜上寫的步驟究竟是什麼意思。另外，不懂的地方可以直接問媽媽，真是太好了。現在回想起來，當時的時機或許是千鈞一髮吧。我這時領悟到，想要活用知識，經驗的累積也很重要。

材料	
艾草	50 公克
上新粉（米粉）	120 公克
糯米粉	75 公克
砂糖	40 公克
黃豆粉	適量
熱水	一杯

①

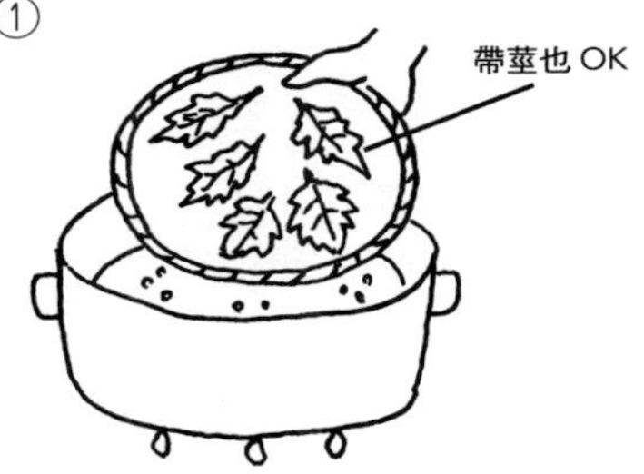

用熱水煮艾草 5 分鐘。

②

把煮過的艾草緊緊地壓著。

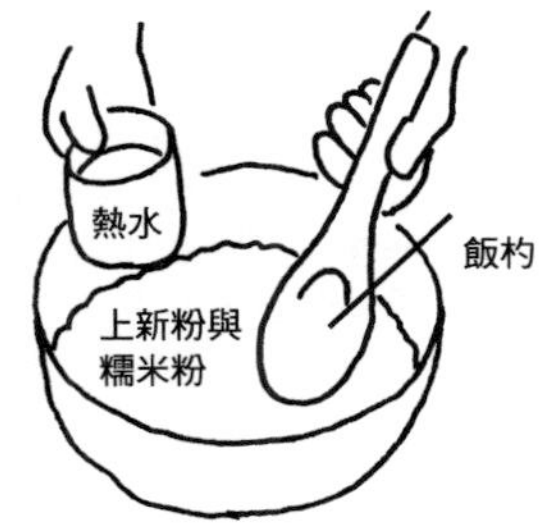

一口氣加入上新粉、糯米粉與一杯熱水。一開始先用飯杓攪拌，直到材料的硬度大概像耳垂一樣。

③

將材料捏成糰後調整成甜甜圈的形狀，放進熱水煮 20 分鐘。

④

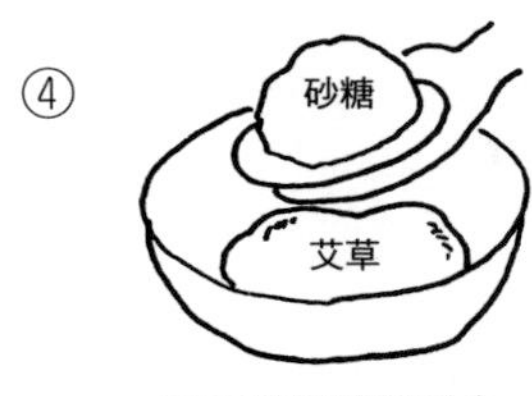

將艾草與砂糖混合。

⑤

煮好以後，把糰子跟艾草混合。剛開始還很燙，要用杵棒徹底攪拌。

⑥

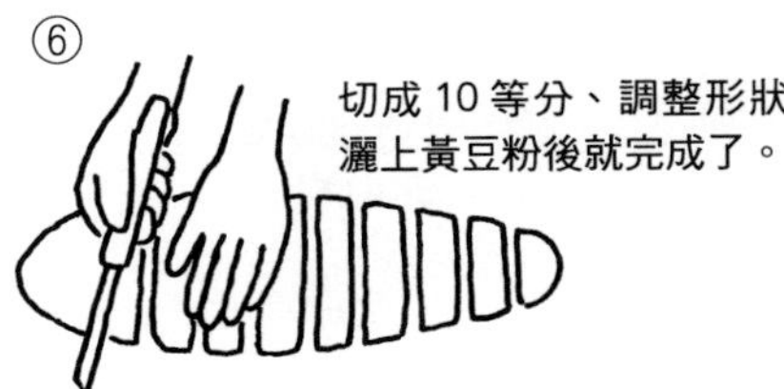

切成 10 等分、調整形狀，灑上黃豆粉後就完成了。

※艾草要選顏色不紅，長在有遮蔽物的地方，吃起來口感會比較軟，而且好吃。

※因為使用糯米粉與上新粉，完成後到第二天，趁口感柔軟時品嘗。

圖 3-6 艾草糰子的作法

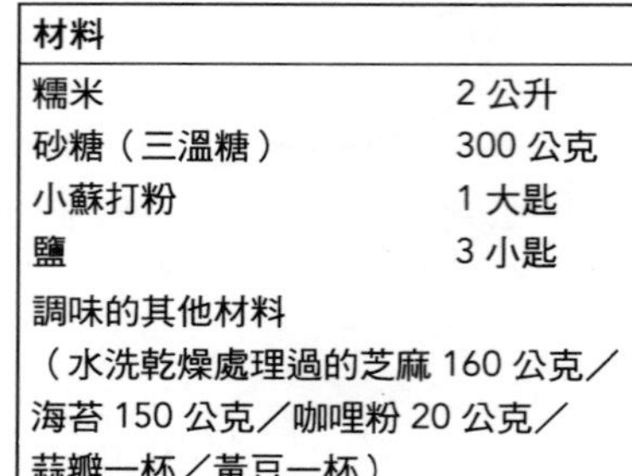

材料	
糯米	2 公升
砂糖（三溫糖）	300 公克
小蘇打粉	1 大匙
鹽	3 小匙
調味的其他材料	
（水洗乾燥處理過的芝麻 160 公克／海苔 150 公克／咖哩粉 20 公克／蒜瓣一杯／黃豆一杯）	

①

將砂糖與小蘇打粉、鹽、其他材料放入缽中，充分攪拌。

②

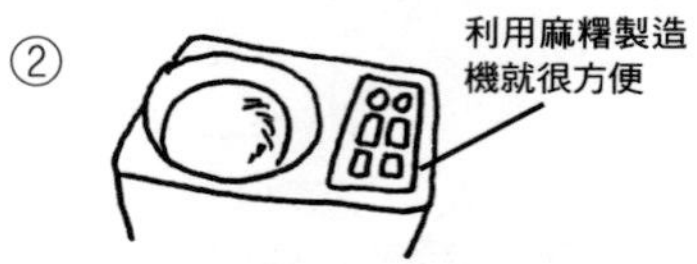

先將糯米放在水裡浸漬 2 天，蒸熱後搗到形狀變得完整為止。

③ 將①的材料全部加進糯米糰，繼續搗下去。

④

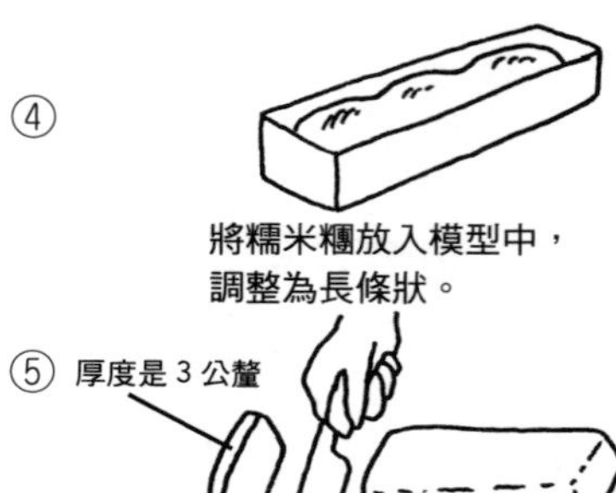

將糯米糰放入模型中，調整為長條狀。

⑤ 過了兩、三天，等糯米糰變硬了以後，就用刀子或機器裁成 3 公釐厚。

⑥

風乾大約一個月的時間，要注意如果日曬或吹風過度，很容易裂開來。

⑦

以攝氏 170 度油炸，過程中翻面一次。炸到膨脹就完成了。如果用烤箱烤，大約稍微烤 1 分鐘。微波爐是 30 秒。

圖 3-7 欠餅的製作方法

現在蔬菜已經可以持續收成，但我們仍持續製作糰子（圖3-6）。同時我太太也會炸欠餅（圖3-7）。

艾草糰子是一盒四粒裝，定價三百日圓（約新台幣八十二元）販售，欠餅是五枚裝，定價五百日圓（約新台幣一百三十七元）販售。艾草糰子一次進貨量是二十五盒，欠餅是二十袋份，每週一次送到附近的直售所。每次都會銷售一空，這樣的成果對於穩定經營有相當的貢獻。

5 加工必須用到的機器

以小成本起步

談起食品加工，各位會不會覺得門檻有點高呢？或許你也想成為多角化經營的農家，想進行食品加工，卻不知該從何開始。其實我自己以前也有許多疑惑，譬如加工販賣需要什麼樣的執照，或是什麼樣的機器，初期投資大約要多少經費等等。

為了了解這些，我特地去有設加工處的農家觀摩，因此知道那些是必要的機器，還有相關的業者。接下來就是思考怎樣以小成本創業。

我添購的加工機器，詳述如下。

添購電腦與印表機

當時（一九九九年）最早買的是電腦與印表機，為了要在醃漬物的袋子上貼印刷標籤。通常醃漬物包裝上的標籤都是委託印刷廠製作，但是彩色印刷如果印製量不到萬張以上，一枚大約要花二十日圓（約新台幣六元），很划不來。因此我決定自己印製。

我運用當時剛推出，有防水效果的噴墨印表機印製標籤。電腦的操作則是拜託親戚幫忙，不過成品幾乎跟手工製作也差不多。這台電腦日後在網路販售時發揮了很大的作用。

很快地就能自己印製標籤

當時買的電腦跟印表機還很貴，大約花了十五萬日圓（約新台幣四萬一千元）。就算樣式簡單，我還是想貼上自己的標籤，因此更加強了我購買的念頭。而且，如果自己動手的話，只要一有新商品，就可以少量印刷，標示材料成分的標籤也很容易印出來。直到現在我還在用這個方法，完全不覺得有什麼不方便。而且一張大概只要四點五日圓（約新台幣一點二元），成本比較便宜。

現在功能很好的二手筆記型電腦大約只要三萬日圓（約新台幣八千兩百元），印表機在一萬日圓（約新台幣兩千七百元）的預算以內就能買到。最近的彩色雷射印表機也只要以前十分之一的價格入手，行情大約是一萬五千日圓（約新台幣四千一百元）左右。風來也換了彩色雷射印表機，除了油墨可以防水，列印的速度快，印出來的效果不輸給專業印刷，而且可以輕鬆做到（照片3-2）。

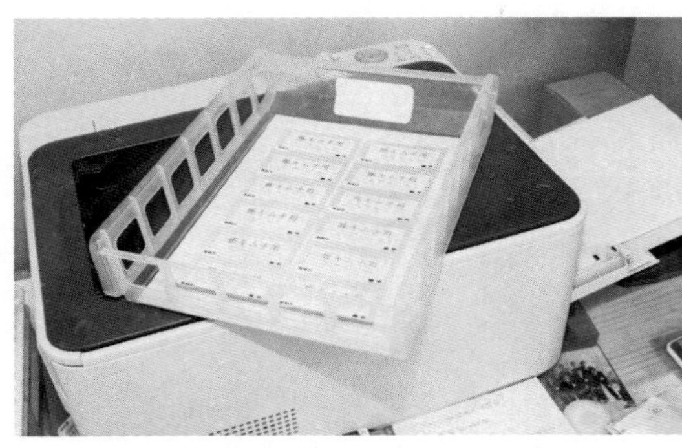

照片 3-2　印出來的標籤與彩色雷射印表機。*

可以簡單密封的真空包裝機

接下來，我以十五萬日圓（約新台幣四萬一千元）購買了真空包裝機（FUJI IMPULSE 製品），用來密封裝醃漬物的袋子。還有佔地兩坪大，人可以進入的冰箱花了七十五萬日圓（約新台幣二十萬六千元），小型的二手冰溫冷凍庫五萬日圓（約新台幣一萬四千元）。最後在農用機械方面，又花了十萬日圓（約新台幣兩萬七千元）購買小型耕耘機（無法乘坐的機型）。到此為止，花了一百二十萬日圓（約新台幣三十三萬元）在初期投資方面。

自從有了一台真空包裝機以後，就有各種各樣的用途（照片3-3）。在風來，主要是用來密封醃漬物，不過也常常用來密封蕃茄汁與火鍋高湯，因為很容易操作，可以用來保存各種各樣的東西，非常實用。目前市面上好像也出現便宜的真空包裝機。

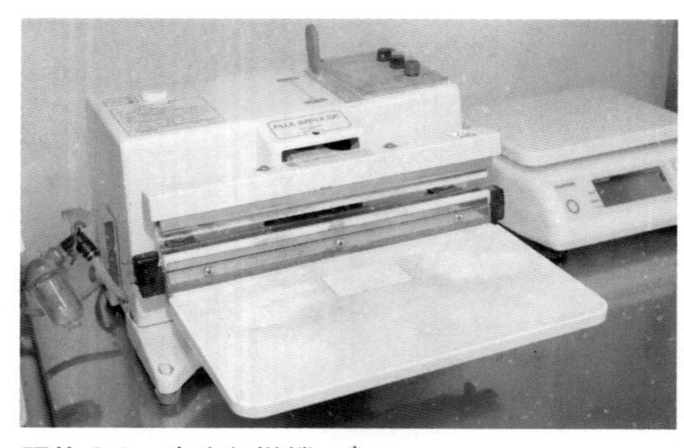

照片 3-3　真空包裝機。*

二坪大的冰箱與冰溫冷凍庫

大型的戶外型可進入式冰箱，造價約一百五十萬日圓（約新台幣四十一萬元）。所以我將室內用的冰箱設置在屋外，附近圍著鍍鋅鋼浪板，冰箱七十萬日圓（約新台幣十九萬元），隔絕周圍花了五萬日圓（約新台幣一萬四千萬元），節省了一半的成本。冰溫冷凍庫的溫度可以調整，範圍是攝氏二十度到零下二十度，我們用來保存已完成的商品。可進入式冰箱也用來保存採收後的蔬菜等，相當好用。

關於冰箱，建議大家購買雖然有點貴，但是耗電量小的機型。畢竟只要一插上電之後，就幾乎是一天二十四小時、一年三百六十五天都在運轉。

將車庫改造成食品加工所

加工所則是改造自家的車庫（現在已移到自宅內）。我向保健所（註3）諮詢過，鋪設天花板、裝上螢光燈，利用附近已歇業的料理教室工作桌（附瓦斯爐與水槽），設置好之後就完成了。改造費用合計五萬日圓（約新台幣一萬四千萬元）。再加上醃漬物桶與重物、鐵鍬與鐮刀等農具與工具共十五萬日圓（約新台幣四萬一千元）。結果風來的創業費用總計約一百四十萬日圓（約新台幣三十八萬五千元）。

有些人可能會遲遲不想去保健所諮商，但是放輕鬆，其實也只是免費聽些意見而已，所以我想還是找時間去談談比較好。

接受幫助就要有償還的氣概

就像前面提到的，現在可以利用網路商店或網拍販售，電腦與冰箱也變便宜了。我想現在如果要買齊同樣的工具，或許還不到一百萬日圓（約新台幣二十七萬五千元）吧。

從事農業在作物收成、掌握技術、找到適合的銷售管道之前很花時間，在這個時期的開銷或許是最大的。

以我的情形為例，一開始住在老家，而且還有以前工作留下的積蓄，所以能不藉助貸款自己獨立。我深刻地體會到不靠貸款的創業有多穩健，又很輕鬆。我所謂的輕鬆當然在經營方面如此，沒有債主這一點也是。

以日本農業的大環境來看，農業支援資金的條件漸漸地越來越充足，但還無法照自己的意思運用。大家可別忘了，這筆支援金的來源是稅金。其實免費的事物是最昂貴的；如果接受幫助，應該要有將來納稅歸還給社會的氣概，我想這才是真正獨立的農家。

6 必要的執照

視情形需要各種執照

如果想要販賣農產加工品，各位最想知道的應該是「需要什麼樣的執照」吧？目前在日本販售食品時，必要的執照區分如圖3-8。這樣看來，果然乳製品、肉類牽連較細而且廣泛。

這些執照基本上是要求獲得「場所」的許可。也就是因應各種場合需要不同執照。以「人」來說需要「食品衛生責任者」的資格。一般是由保健所內部的食品衛生協會管轄，所以向保健所諮詢即可。只要參加一日講習就可以取得執照（如果已經有調理師許可就不需要）。

取得點心、熟食的證照

風來有申請製作點心、熟食，以及醃漬物的證照。各都道府縣對醃漬物的規定不同，有些地方只要先通報一聲就好，也有地方必須要獲得許可。在石川縣只要有申請就好。另外，如果不販賣食物，只開設教室教大家作法，不需要任何執照。

正如前面所說，因為各種執照是視場合而訂，所以需要單獨的水槽。

譬如製造點心執照的標準如下：

- 不可跟住家共用。
- 內壁（距離地面一公尺）與地面要以不浸透的材料製作（經過防水加工）。
- 設置專門的水槽。

- 飲食店營業／喫茶店營業
- 點心製造業／餡類製造業
- 冰淇淋類製造業／乳製品製造業／乳類販售業
- 食用肉品屠宰業／食用肉品販售業／肉類製品製造業
- 海產類販售業／海產類拍賣業
- 魚漿類製品製造業
- 食品冷凍及冷藏業／食品的放射線照射業
- 不含酒精飲料製造業／乳酸菌飲料製造業
- 冰菓製造業／冰菓販售業
- 食品油脂製造業／人造奶油與起酥油製造業
- 味噌製造業／醬油製造業
- 醬汁類製造業／酒類製造業
- 豆腐製造業／納豆製造業
- 麵類製造業
- 熟食製造業
- 罐頭與瓶裝食品製造業
- 添加物製造業

圖 3-8　食品加工、販售必需的相關執照

・為水槽特別設置洗手的設備。

・裝食器的櫃子要有門與背板，及其他相關事項。

設施基準的許可與種類依各都道府縣、保健所各有不同。我想先了解大致的狀況，然後去各地的保健所諮詢，是最簡單的方法。

獲得點心製作執照就可以賣艾草糰子等

取得點心製作執照，原本是為了販售家母拿手的艾草糰子與欠餅，現在也適用於我太太烤的戚風蛋糕、點心的銷售等。我太太本來就很喜歡做點心，為了要將成果商品化，她到處學習，然後開始販售。現在點心已成為風來的主力商品之一。這也是因為既然領到點心製作執照，我們想好好地運用，於是發展出各種成果。

另外，熟食的執照也適用於許多商品。譬如像製作醃漬物後還有剩餘的食材，或是金平牛蒡等加熱後就可以販售，運用範圍很廣。

舉個極端的例子，以前風來曾經養過山羊。如果要直接販售山羊乳，需要乳類販賣業的執照，但是運用自家產的山羊乳與蔬菜作為原料，製作山羊乳蔬菜濃湯（包括南瓜湯底見而購買。

與馬鈴薯湯底），只要有熟食執照就可以了。雖然無法大量製作，但也有許多人是因為罕見而購買。

加工技術熟能生巧

加工需要設備，也需要執照，但最重要的還是加工技術。

想獨立務農的人，最好一開始就把加工列入構想，選擇接下來要種什麼作物，並且在正式開始投入農業前，就先掌握加工技術，這樣以後會比較輕鬆。因為一旦起步之後，就沒有時間再去摸索了。剛開始展開農業的人，或許可以趁農閒期好好研究。

為了學習加工技術，如果自己有想做的東西，去已經推出產品的店家工作，趁機學習，應該很快就能學會吧。不過農產加工一直以來都屬於家庭副業，很多時候與其說是學習，更應該是越做越熟練吧。

以前有電視節目對一般觀眾出題考驗雜耍（將多樣件物體拋在空中再反覆接住的特技），在一個星期後舉行測驗，如果成功的話就會頒發獎金。看過節目以後，我覺得人只要專注於一件事，什麼都辦得到，這樣說並不誇張。譬如做泡菜，如果整個禮拜都不休息，每天醃漬三次，每次都很認真地動手做，整天都在想怎樣做出好吃的泡菜，這樣一定可以達到販售的水準。

不過，在將製品商品化時，維持穩定的品質很重要。就算做出來的成品很好吃，如果每次做出來的味道都不一樣，就算不上專業水準。好不容易客人願意購買，如果第二次買的食品跟第一次買的不一樣，對方就不會再回購。要維持這樣的穩定度，繼續做下去。持續做才會形成跟其他人不一樣的特色。

發展無限的可能性

加工必須要有設備，在確定要做加工之前，最好先想清楚到底要做什麼、製作的份量是多少，如此才能真正藉由加工發展無限的可能性。尤其是小規模加工，得稍微多花點功夫。

我們城市靠近山的那一邊，過去是柚子的產地。這些柚子究竟能做什麼？我們想到的是柚子醬油。柚子榨出來的汁，很適合做特製的醬油。我們把醬油密封包裝後販賣。並且以本地的肉搭配風來種的蔬菜，推出地方性的火鍋組合等。

現在，風來由我負責蔬菜組合，我太太負責醃漬物、點心、加工品。雖然兩人一起製作有時會更有效率，但是透過分擔工作，能以自己的步調進行工作，而且會產生責任感，激發鬥志。採取食品加工的作法，不只是基於經營上的利益，還有分散天候風險、分散人的時間等考量，如果妥善運用，將會成為一大利器。

註釋

註1　**農業六級產業化：**日本農林水產省於二〇一〇年在「糧食、農業、農村基本計畫」中提出了「六級產業化」政策，並公布「六級產業化法」，於二〇一一年開始正式實施。這項政策有五個主要目的，分別是：促進農林漁業相關新事業的開創、活化農山漁村等地域、增進消費者利益、提高糧食自給率、減少環境負荷。「六級產業化」的概念萌生於九〇年代後期，由前東京大學今村奈良臣教授所提倡，有人認為六級產業著重於加工、銷售，六級是指一、二、三級的加總（1＋2＋3＝6），但今村教授認為應該是一、二、三級的相乘（1×2×3＝6），因為若是沒有一級的生產，就沒有二、三級的加工與銷售，整體產出就是零。由於日本農業情況與臺灣類似，因此臺灣學界對這項政策亦有廣泛的討論和研究。

註2　**農水省：**日本農林水產省的簡稱。農水省原名為農林省，一九七八年，因二百浬經濟海域的管轄問題，正式改制為農林水產省。該機構隸屬日本中央省廳，職責與管轄範圍包含：農業、畜牧業、林業、水產業、食物穩定供應，以及振興相關產業地域發展。

註3　**保健所：**保健所是負責地區居民健康和公共衛生的政府機關。依日本「地域保健法」規定，地方政府中的都道府縣、政令指定都市、中核市及其他城市和特別區，可以依據法令設置保健所。

第 4 章

銷售方式

——展現個人特色的販售

1 從沿路叫賣學會銷售方法

以自己販賣泡菜為起點

我們風來一開始，是為了製作白菜泡菜而種植蔬菜，所以最早的商品當然是泡菜（圖4-1）。

在我剛務農的一九九九年當時，還沒有像現在這樣的大型直售所，販賣都是從零開始。首先藉由見習時期認識的人脈，讓我把成品送到農家直售的

圖 4-1　從沿路叫買開始

小型直售所。其中還有附冰箱（從酒店那裡分到的迷你冰箱）。接下來是每週日早上去市場擺攤，還有拉關係在活動擺攤。先去早市以後，再去其他活動場合等擺攤，我經常一天擺兩次攤。

現在回想起來，當時還真是勤快呀。也因此獲得充分的鍛鍊，我能夠做到現在，都要感謝當時的經驗。

只要有銷售能力，就算規模小也可以維持

我認為只要在農地、農業技術、資金、銷售能力當中，對兩項以上有相當的把握，就可以成為獨立的農家。在農業技術中，也包括加工技術。

如果農地廣大又擁有技術，就可以出貨到市場上，要是有農地與資金，就可以嘗試各種各樣的想法，而且本錢夠充裕，就能以提升技術為目標。只是現在的農業就算俱備農地、農業技術、農業機械，做起來還是很辛苦。要是想成為農家的話，小型農業不可或缺的是銷售能力。若對風來進行自我分析，因為有母親傳授的加工技術，以及販售的能力，所以就算農地小也可以經營下去。

有些人可能會感到不安：「目前為止，我還沒有銷售的經驗，恐怕沒有販售能力吧。」不過別擔心，等到成為農家時（或成為農家以後）再接受磨練就好。

只要敢叫賣，就沒什麼好怕的

為了增加農業就業人口，各都道府縣的農業新手支援中心，也都親切地提供支援。不過，瀏覽他們的教育課程內容，我覺得似乎缺少關於販售的觀點，所以遇到支援中心的人員時，我曾這樣告訴他們。

「關於米、蔬菜、果樹、花卉等的種植，以及教導農業簿記當然很重要，但是接下來對農家而言，銷售能力不可或缺。或許能以不干擾現有市場地盤為前提，讓新手開著稱為『叫賣車』的輕型卡車，運送農業試驗場栽培的蔬菜到密集住宅開發區等地販售？只要學會叫賣，就等於保證不管種什麼，都可以當農家養活自己。」

所謂叫賣，也就是邊移動邊喊話進行販售。對象不是固定的客人，所以最好是引人注目的東西比較賣得出去。

時至今日，日本各地都還有用拖車載著蔬菜等作物，邊走邊賣的銷售形態（在京都叫作「振売り」，有很多農家光是這樣就能過活）。

現在，各地都有大型直售所，販售的門檻也已經降低許多。能夠供貨到直售所當然很好，但是試著叫賣這件事，對於將來會很有幫助。

光是「有人」東西賣不出去

我自己剛開始務農時，經常在附近住宅街叫賣。而我在叫賣的過程中，所獲得的經驗不勝枚舉。

一開始，我只是盲目地把東西帶到有人的地方，但光這樣還無法把東西賣出去。於是我開始考量自己商品的特性，想到母親會希望讓自己的孩子吃安全的東西，所以帶著農作物等候幼兒園下課、家長接小孩回家的時段。經過幾次努力之後，漸漸增加了熟客。在當時建立的顧客中，有些人到現在還會回購。

另外，叫賣時會直接聽到客人的意見，這跟如何推出蔬菜與商品也有關聯。當作練習表達能力或幫助寫出有效果的告示，都能派上用場。

平常也可以使用的輕型卡車

實際上的叫賣，怎麼做比較好呢？叫賣沒有特別的規矩，我想大家以自己的方式進行就好。我自己除了叫賣，還參加過各種活動，在過程中建立了自己的風格（圖4-2）。

買了輕型卡車之後，原本我想裝上卡車車棚，沒想到車棚很貴，既然如此，那就直接使用好了。至今我還

圖 4-2　在路邊叫賣需要的工具

很慶幸當初的選擇。現在也找得到比較便宜的車棚，但是裝設時一定要小心。如果只是簡易設置型，不經過焊接，並不穩固，有可能被風吹走，運送的貨物如果掉下來也可能要受罰，在裝設這類東西時，要考量可能的突發狀況，要能確實與載貨台固定。

我家有兩輛車，一輛是迷你貨車，另一輛是輕型卡車。對於小型農家來說，購買農業專用的輕型卡車負擔太重，所以做這樣的選擇或許也不錯。將來我想換成輕型的電動卡車。

運用桌子與帳篷展示商品

接下來需要的是桌子。風來準備了三個折疊桌（七十五公分乘以一百八十公分），運用在叫賣與活動等場合。說來或許沒什麼特別，我會鋪上桌布，或是用迷你小竹簾代替桌布。小竹簾自然素材的質感，可以襯托農產品。

另一件方便的工具是遮陽帳篷。實際上有各種各樣的尺寸，不過既然目的是遮陽，有三百公分乘以三百公分就很方便。架起遮陽帳篷之後，立刻就變得很像個店面。販售農產品或醃漬物、甜點，最大的威脅就是直射陽光。蔬菜會乾掉，醃漬物受到日光照射，好像不是很好吃的感覺。

影子會隨著太陽照射的角度變化，所以帳篷選大一點的比較好。以前帳篷還很貴，所以一開始我是用海灘遮陽傘遮蔭，不過我真的覺得，要是早點買遮陽帳篷就好了。

磨練手繪海報的寫法

在路旁叫賣時，我磨練過手繪海報的寫法。

起初我在海報上貼照片，加上許多特色與說明（圖4-3），現在只要用電腦製作，列印很容易，所以形式決定簡化（圖4-4），這樣可能比較吸引目光。

根據販售的產品，海報也會有所不同，在販售蔬菜或袋裝食品時，與其張貼漂亮的告示，不如大筆豪邁地寫在瓦楞紙板上，既簡單又相襯。

附上聯絡方式、名片與傳單折頁，也是必要的。不過傳單折頁被扔掉的可能性比較高，名片比較可能會讓客人保留下去。有很多農家都沒有準備名片，但是我建議小農最好要帶在身邊。也有直接聯絡的方法，最近透過臉書等社群網站聯繫也變容易了，為了讓名稱容易搜尋，請先登錄自己的名字吧（關於社群網站後面將會提到）。

幾乎成為代名詞的重點商品

因為是農家直送，新鮮又好吃，當然賣得好，但是整體來看還缺乏焦點。就算只限當天販售也好，只要有一種重點商品，客人就會接著購買其他東西。所謂的重點商品不一定是特價品。只是作為代名詞，希望大家記住而已。

我們有賣正月的「蕪菁壽司」

要不要來點正月的正宗「蕪菁壽司」呢？風來做的蕪菁壽司，採用自己栽培的蕪菁，是最正統的品種。
我們採用整顆蕪菁，添加飽滿的鹽麴，利用味醂增添甜味（不添加砂糖）。請您務必試試看傳統的美味「蕪菁壽司」。

風來的蕪菁壽司______日圓

圖 4-3　一開始的宣傳海報

源桑推薦

自家栽培蕪菁・整顆採用

特製蕪菁壽司

特大號壽司只賣這個價格！
蕪菁壽司

580日圓

圖 4-4　現在的海報

以風來為例，我們的重點商品是泡菜，遇到活動時則是艾草糰子。

在直售的過程中，也會對如何訂價越來越有心得。訂便宜是最好的方法。但是可以的話，儘量不要只依賴便宜的價格，在販售時要有自信（風來的醃漬物價格，請參考第八十八頁表3-1）。在路旁販售或在活動擺攤的收入也很重要，不過一開始可以先當成經驗的累積，多方嘗試。

風險低，而且效果好

仔細想想，在路旁擺攤或許是最有效的銷售方法吧。不是被動地等待客人上門，而是帶著商品去有客人的地方。不需要擁有店面，也不必支付店面的開銷，在時間上也更有彈性。常聽說從攤販起家的拉麵店都很有實力，農家或許也是如此。出來擺攤的風險小，效果好。一開始嘗試需要勇氣，如果不適合放棄就好。

現在風來以網路銷售為主，但是在路邊擺攤時期所學到的經驗，對於網路銷售也有很大的幫助，可說是路邊擺攤的延伸。這麼一來，不論發生什麼事，只要回到路邊擺攤就好，這樣的想法會帶來莫大的勇氣。我深切地感受到，在路邊擺攤可以提升農家的自信。

以路邊擺攤的觀點，在直售所銷售

如果以在路邊擺攤的觀點思考，對於在直售所販賣的想法也會改變。不是觀察其他農家，而是觀察客人。藉著直售所的平台，漸漸展現自己的個性。試著做出各種實驗性的嘗試，或許也不錯。

聽說直售所禁止使用自製的海報與貼紙，我覺得這樣很可惜。因為農產品跟工業製品不同，即使同樣是蕃茄，農家A與農家B栽培出來的完全不同。我想正因為各人有不同的理念，所以農產品具有特色，如果喜歡某家種的蔬菜，也會選擇同一家的其他蔬菜。最要不得的就是削價競爭。即使在直售所，也是看業績照比例收手續費，大家最好要有這樣的常識。

有件事在超市做不到，但可以在直售所實現，那就是可以互相幫忙介紹。自己的蔬菜、商品的海報當然重要，如果認識的農家有自家缺少的蔬菜，可以向客人推薦，譬如「我家的蔬菜很好吃，不過農家A的某某商品可說是極品」，大概是像這類的說法。除了達到口頭傳播的效果，或許也會成為直售所的特色吧。

2 擁有所謂直售的通路

增加產品的種類

直售，因為直接與客人聯繫，有機會接到更多訂單，譬如送禮之類的用途。另外，還可以增加販售的品項。風來以前就會販售其他農家的產品，或是接受代售的委託，項目包括米、麵粉、麥茶、醬油等。從二〇〇七年起，開始以調味料為主，大幅增加不含人工添加物的加工食品。因為是另外訂來販售，利潤比較低（約二到三成），不過由於搭配在蔬菜組合之內，所以利潤有提高一點。

像這樣，直售的同業互相介紹彼此的產品，就可以擴展品項的數目。如果是自己熟悉的農家，就能夠發自內心介紹對方的商品。

還可以進行實驗販售

另外，直售還有實驗販售的可能。

譬如味噌。風來以前販售味噌的價格，是每八百公克九百四十五日圓（含稅價格，約新台幣兩百六十元）。以味噌來說，稍微有點貴，我本來覺得，如果不是自家製的味噌，這種價格客人應該不會接受，可是進貨有一定的成本，只能這樣賣。不過實際上試著賣之後，一年內賣了兩百盒。也就是說，只要製造出同樣品質的味噌，就可以賣兩百盒。進貨銷售的利潤率只有百分之三十，但是製造販賣的利潤率有百分之七十，於是我從中發現大好機會（現在賣的味噌的確是自家製造）。

只要能掌握銷路，就可以安心製造。採用認識的農家生產的原料，就能做出品質更好的食物吧。擁有直售這樣的銷售管道，也能讓農家發揮最大的潛力。

3 組合比單品更好銷售

蔬菜零賣很便宜

當了農家之後，我一直很在意「蔬菜零賣很便宜」這件事，每袋多半只能賣個一、兩百日圓（約新台幣三十到六十元）的價位。因此，經過一連串的嘗試以後，現在風來種的蔬菜，幾乎都以預約制整組販售（圖4-5）。想列入組合，蔬菜必須要有足夠的種類與數量。我們的組合內容由自己決定，因此可以視田裡收成的狀況搭配。

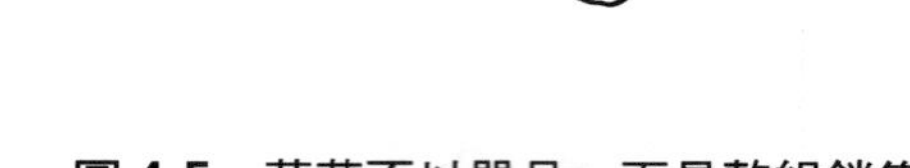

圖 4-5 蔬菜不以單品，而是整組銷售

這麼一來，蔬菜就在田裡，可以確保新鮮，不必擔心。而且一組賣兩千日圓（不含稅，約新台幣五百五十元），可以確保一定的營收。

結果我們的蔬菜幾乎完全沒浪費。即使有些菜的外觀不夠漂亮，但是量也會多放一點，這樣可以讓客人高興，也解決我們賣方這邊的問題。

一箱塞三根白蘿蔔可不行

不過，就像第二章提到的，「種菜的能力不等於搭配蔬菜組合的能力」。

無論怎樣豐收，如果在箱子裡一口氣放了三根白蘿蔔，客人恐怕不曉得要怎麼吃吧。就算農家抱持著免費送給顧客的好意，客人還是會覺得應該有算在價格裡面。要放什麼樣的蔬菜、量有多少會比較好烹調，以及吃法、蔬菜搭配的內容等，不是依農家自己方便，要以食用者的立場思考怎樣組合（提案），這樣的整體性非常重要。

另外，如果放了奇特或外觀不好看的蔬菜，必須要解釋，並且說明吃法。正因為直接與客人聯繫，所以能做到這些。

冬季輪到火鍋組合

風來的冬季暢銷商品是火鍋組合（照片4-1、4-2）。原本是因為泡菜發酵過度變酸，為了設法銷售而想到的點子。發酵到變酸的泡菜經過加熱後，酸味會轉化成鮮味。所以我把風來的泡菜與蔬菜、附近養豬農家的優質豬肉、用本地大豆作的豆腐、段木栽培的香菇，加上自家製的味噌等搭配成組合，作為「特選食材火鍋組」銷售，獲得相當好評。

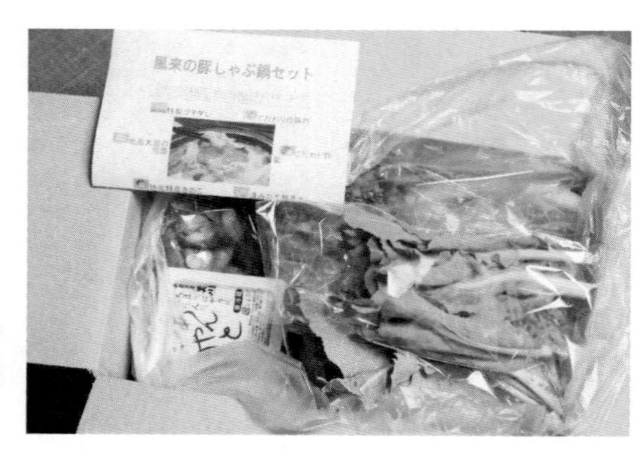

照片 4-1 豬肉火鍋組合 3,500 日圓（不含稅，約新台幣 960 元。）*

照片 4-2 豬肉火鍋組合的內容。包括冷藏在冰箱的白菜、茼蒿、芥菜花、青花菜、紅蘿蔔、蔥、附近養豬農家推出的優質豬肉，手工製芝麻醬料、自家製味噌、用本地大豆作的豆腐、剛汲取的觀音水（註 1）。*

基本上，客人只要有鍋子，就可以準備吃火鍋。一組是四人份，三千五百日圓（不含稅，約新台幣九百六十元），雖然比零零星星買食材貴一些，但是送禮自用兩相宜。有比較特別的例子是，高爾夫球場的贈品，選擇以火鍋組作為禮盒。能夠發揮這樣的用途，正因為不是零賣，呈現出完整的組合。

我把這件事告訴附近養雞與種米的農家，於是對方推出「終極生蛋拌飯組」，以三合的米跟蛋、生蛋拌飯用的醬油搭配成組販售，據說也很暢銷。

販賣地域限定的組合

將當地的物產搭配成組合。不過可不是只要當地的物產，什麼都可以，最好要有主題。譬如將米、蔬菜、味噌與蛋搭配成「頂級早餐食材組」，或是某個地域的「特產品組合」等，可以想出各種各樣的創意，變成這個地域特有的附加價值。

整組販售的方式應該也適用於直售所。而且一整組比較豐富，客人可以當作禮盒送人，送禮時訂購的數量會更多。

有很多人會想該送什麼比較有當地的特徵，雖然「送農產品很困難」，但是也有很多人毫無疑慮地選擇送啤酒或火腿，不是嗎？

首先從節慶送禮開始

如果覺得一整年都要經營直售有困難，剛開始可以先在節慶時推出特別限定的禮盒商品，例如中元、歲暮時期禮盒，試著販售看看。

除了透過網路銷售，刊登在郵購目錄上也不錯。若是地方特產，可以刊登在地方的公共廣報誌。先試試看，進行得順利的話，就可以延長直售的時期、增加商品項目，這樣的作法就不會太勉強。

只要有蔬菜組合、火鍋組合之類的明星商品，客人比較會購買其他商品。搭配成組合對於提高單價也有幫助。

以小規模開始，也容易修正

譬如，你把各種食材產品搭配成組合箱，一開始可能只是為了改變產品內容的份量，但實際進行之後，又有新發現，「產品名稱如果這樣寫，更能吸引消費者的注意」，或許會產生這樣的念頭吧。即使如此，想要付諸行動總是有些困難。有句話說，「創意的有效期限很短」。

當你想到某個點子時，一開始可能會覺得「這個主意棒透了」，但過了一、兩天之後，可能就會覺得「像這樣的點子每個人都會想到」，或是「初期費用恐怕很高」、「實際上會贊同的人恐怕很少」，然後漸漸地失去信心，加上考慮到風險，就更不想行動……很多人應該都有過這樣的經驗吧。人本來就偏向保守，從一分做到十分需要很多努力，但是從零分跨到一分需要的則是很大的勇氣，當然，只有實際付出行動的人，才會成功。

在嘗試階段，必須採取小規模主義。如果覺得一開始非要大規模實行，就很難踏出第一步。先小規模試探一下，如果不順利的話，只要重新開始就好。風來也歷經各種各樣的嘗試與失敗。譬如將本地的特產柚子跟異檸檬酸、小蘇打粉搭配成「終極柚子浴組合」販售，結果乏人問津，尤其是散客，根本提不起他們的興趣。還好後來有家公司注意到這項商品，採購作為致贈的禮品（後來沒有再繼續推出）。

4 對原料更用心

規模小所以能實現的進貨

大規模可以大量採購，降低原料的進價，擁有「規模經濟」的利益。但若購買大量且品質均一的原料，只能追求最大公約數，選擇品質中等而量最多的商品，或是不得不選擇品質更差的東西。小規模的話，因為只用到少量材料，所以可以更用心挑選。在農業的領域裡，也有很多「小規模的好處」（圖4-6）。

圖 4-6 正因為規模小，所以對原料特別講究

小規模的話，就算形狀大小不一致、不符合規格也沒關係。以農產品來說，「不符標準」未必等於品質差。譬如風來製作泡菜時的副材料——蘋果，就是採用認識農家便宜賣給我們的收成，只以微量農藥栽培。稍微有點被蟲咬傷，不能在一般菜市場販賣，但是非常好吃，製作泡菜也能安心提供給客人。

肥料也是以當地的材料自製

風來以前是自己製作施加在田裡的肥料。材料包括附近豆腐店分給我的，本地產無農藥黃豆的豆渣、篩汰出來的豆子，還有鄰近農家給我的米糠與穎殼。像這樣做出來的發酵肥料的品質，我想應該是花錢也買不到吧，而且材料幾乎都是免費的。

現在風來正在挑戰碳循環農法。在這種農法中，我使用的是廢棄的菇類菌床。不過要注意菌床使用什麼材料。市面上販賣的菌床中，有些使用美國產的玉米穗軸（玉米芯），這樣就要擔心農藥或基因改造的問題。風來運用的廢棄菌床是附近農家自己做的，以低廉的價格轉讓給我（因此，風來在育土方面幾乎沒花什麼錢）。

農業可以把同業的廢棄物轉變成重要的資材。當然，如果想獲得品質好的材料，就必須與其他農家互相結盟。聯繫對小農來說，也是重要的資產。

用認識農家種的米磨成粉，製作艾草糰子

風來的艾草糰子，如果購買市面上的材料，上新粉（米粉）與白玉粉（糯米粉）每二十公斤分別是一萬三千日圓（約新台幣三千六百元）、兩萬五千日圓（約新台幣六千八百元），而且這還是日本國產品的價格。所以我向本地認識的農家買米，租借家用製粉機（費用每天一千日圓，約新台幣兩百七十元）磨成米粉，這麼一來，上新粉的成本是四千日圓（約新台幣一千一百元），白玉粉的成本是六千日圓（使用中米，約新台幣一千六百元）。而且還可以強調以當地的米製作，吸引客人（圖4-7）。

用買的…

上新粉　13,000 日圓／ 20 公斤（米粉）
白玉粉　25,000 日圓／ 20 公斤（糯米粉）

自己磨…

上新粉　4,000 日圓／ 20 公斤
向認識的農家購買米
白玉粉　6,000 日圓／ 20 公斤（使用中米）
以一天 1,000 日圓的租金，用製粉機磨成粉

圖 4-7　艾草糰子的材料成本

收入（所得）是營業額減去成本後的金額。儘可能不讓成本增加，所得才會提高。我向同業購買的原料不但品質好、價格便宜，而且如果採取直售，也不需要支付寄售的費用，雖然少量，但還是有利潤。

將原價率納入思考

在當調酒師的那段時期，我牢牢地記住了成本、原價率的概念。以餐飲業為例，所謂的成本，不外乎原材料費、水電瓦斯費等。我想從事農業也應該要有這樣的思考方式。

不過，以農產品的情形而言，究竟哪些部分算是成本，很難劃清。原材料費如果只算種苗的費用很便宜，但若列入機械的折舊、人力費用等，數字就越來越高，另外，考量到農地在收成前佔用的時間，跟種出來的食材根本不成比例。即使如此，如果試想各種農產品要花多少成本，就可以作為要種什麼作物的指標，所以不妨試著思考。

受歡迎的西式甜點成本也高

如果加入原價率的思考，對於加工品的看法也會改變。

風來有製作各種各樣的加工食品。在風來媽媽製作的點心當中，最受歡迎的是用田裡的蔬菜製作的季節甜點。這固然是件可喜的事，不過如果要烤「地瓜磅蛋糕」，就非得購買小麥粉、蛋、奶油、砂糖等，以整體來看，自家種的地瓜佔的比例很少。而且麵粉、乳製品的價格越來越貴。

跟磅蛋糕相比，前面提到的艾草糰子幾乎都是當地生產的材料，可以自己準備。如果做欠餅，種稻的農家幾乎都可以自備主要的原料吧。

也就是說，洋菓子雖然受歡迎，但是以原價率的觀點來看，傳統和式點心明顯比較有利。

5 改變包裝容量

米以一升為單位販售

就像前面提到的，如果把六級產業化視為增加收入的手段，就不要陷入「一定要加工」的固有觀念。

某位務農的前輩賣米給連鎖網咖。據說他去送貨時，店長感嘆著說：「哎，最近的工讀生真令我傷腦筋。明明規定煮一升的飯要放十杯米，然後加水就好，可是他們邊做邊聊天，搞不清楚舀了多少杯米，水量也放得很隨意。可是飯煮失敗的話，重來很花時間。這樣的情形很常見呢，真是敗給他們了。」

聽了他的話之後，原本送貨都是三十公斤裝，後來改成一點五公斤（一升）裝，收貨的店家讚不絕口。而且用途變廣，銷售的通路似乎也增加了（圖4-8）。

仔細想想，煮飯時明明是以一合（一百五十公克）為單位，但是販售的米卻都是二公斤、五公斤、十公斤裝，用到最後就會有剩餘的米。只要改變過去一直覺得理所當然的想法，就會出現各種各樣的機會。

將米以一合為單位，真空包裝販售

還有一段跟米有關的故事。

某位務農的前輩，以白米三十公斤六萬日圓（不含稅，約新台幣一萬六千五百元）的價格販售。我想很少有這種價格的米。

如果更詳細說明，也就是以一合（一百五十公克）三百日圓販售（不含稅，約新台幣八十二元）。即使是費心栽培的米，還是很貴。內容物當然品質優良，

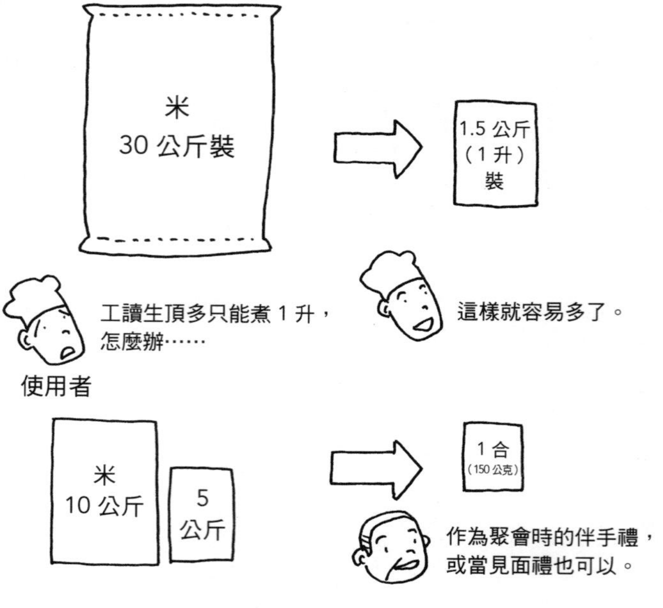

米
30 公斤裝
1.5 公斤
（1 升）
裝
工讀生頂多只能煮 1 升，
怎麼辦……
使用者
這樣就容易多了。
米
10 公斤
5
公斤
1 合
（150 公克）
作為聚會時的伴手禮，
或當見面禮也可以。

圖 4-8　改變包裝容量的大小

卻也不是無農藥栽培。這位前輩在農園以一合為單位，用真空包裝販賣自己的米。來購買的人通常會買很多。好像有很多人買來當聚會的伴手禮，或是見面禮。米以一合三百日圓的價格來看，或許有點貴，但是作為宴客的禮物，稍微有點特別的用途或贈禮，似乎沒那麼貴。

不藉由調理、加工，只是改變販售的單位與觀點，就能提高獲利。像這樣的例子，不就是成功的六級產業化嗎？

6 發佈訊息

以自己是農家為賣點

將農產品加工、搭配成組販售、試著改變包裝單位，這些確實都能增加附加價值，不過我感受到，最大的附加價值來自產品「由自己耕種」。

在很久以前，當務農的前輩在田裡工作時，據說有媽媽曾指著他告訴孩子說：「你要是不用功，將來就會落到這個地步喔。」但是，隨著時代改變，人們對於農業的印象已經有很大的轉變。風來也和學校合作，讓中學生體驗工作，並受邀去中學擔任就業指導的一員，我感受到現在有很多人對農業感興趣，去圖書館時，我看到有很多跟農耕有關的書。在稍早之前，這可能是難以想像的狀況。

據說二十一世紀是環境的時代，而農業具有對環境友善的印象（事實上能夠減少二氧化碳的產業只有農業）。正因為置身在這樣的時代，所以能置身在自然中工作，顯得特別令人嚮往吧。

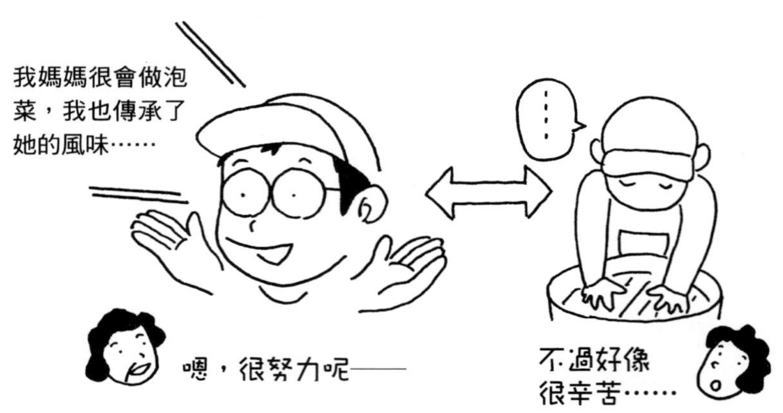

圖 4-9　發佈訊息

不過，有很多真正務農的人沒有注意到這些，難得一般人會對農業感興趣，它們卻會潑冷水說「當農夫哪有那麼容易」。他人會感興趣這件事本身，其實就是最好的機會。農家究竟抱持著什麼樣的理念栽培農作物？如果能在現場跟大家分享，我想大家會更有興趣（圖 4-9）。

分享自己的第一手經驗

如今已經是個人發佈訊息的時代。過去無法透過媒體傳達的訊息，在網路時代能輕易地以個人名義發表，這可說是一種革命（圖 4-10）。

不過也因為如此，資訊變得氾濫，而且多半都是引用別人的訊息，只是間接的二手資訊。所

電視
過去
報紙
如果媒體能報導我們農場就好了……
今天早上，我們田裡有很多蜘蛛跟青蛙……
現在

圖 4-10　個人發表資訊的時代

以，更需要真實的第一手訊息。所謂的第一手訊息，就是根據實際上的親身體驗，由本人敘述自己的想法。

就像字面上的意思，在「腳踏實地」的農業有許多第一手訊息。正因為現在是農業受到注目的時代，所以農家應該持續發表訊息，尤其我深刻地感受到，網路真的很適合小型農業。

作物是連栽培者的人品一起販售

規模越大，越不能表現個人特色。正因為是小型農家，所以表現的是個人。在農業形象提升的今日，農家是以個人，藉由一個人的立場發聲，讓農產品具有農產品以外的價值。風來每天在部落格發表日誌。我們的客人也會讀，偶爾會回饋「之前跟你們買的泡菜，看了日誌以後，猜想應該是用三月一日播種的白菜做的，這樣又覺得更好吃了」這樣的訊息。這位客人想必是邊吃著泡菜，想像著白菜生長的情形，這樣的客人，一定會再回來捧場。

另外，現在是透過網路什麼都可以比價的時代。如果是同樣的東西，大家都想買比較便宜的，這麼一來只會變成價格方面的競爭。而在農產品方面，就算同樣是蕃茄，只要栽培的農家不同，味道也不一樣。也就是各有獨特的風味，就算不以價格決勝負也可以。作物是連栽培者的人品一起販售；但若不發表關於特色的訊息，那就等於跟沒有一樣。

公開栽種過程

在日本最大的網路商城，有最熱賣的銅鑼燒店家。

有趣的是，譬如在賣抹茶銅鑼燒的時候，這家店不說「推出用心製作的抹茶銅鑼燒！」而是宣告「我們做出最頂級的銅鑼燒！」而且藉由「製作日記」，漸漸發表研發過程。「這次試做採用宇治的抹茶、十勝的紅豆、北海道產的小麥，每一樣都是最高級的材料。每一樣都很美味，可惜味道缺乏整體感，所以失敗了。」一點點地發表這類失敗談。過了一陣子提到「在材料裡加入煎茶，味道變得更協調。」從開始研發一個月左右，公佈「做出前所未有的頂級抹茶銅鑼燒了！明天開始接受預約。」這麼一來，才剛開放預約，訂購量就已經排到半年後了。

現在是個無法確認什麼才可信的時代，因此，像這樣傳達過程，反而可以增進信任感。就公開過程這一點來說，農家佔了很大的優勢。在工業方面，因為各項工程分工精細，無法從一個環節縱觀整項工程。但是從播種到收成，農家可以看到全部的過程。而公開這樣的過程，我想可以締造最大的附加價值（圖4-11）。

1月
2月
3月
4月
5月
6月
7月
8月
9月
10月
11月
12月
在天氣還很熱的時候，播下包心菜的種子。
跟孩子們一起定植包心菜苗。
包心菜漸漸長大。
終於送到客人手中。
紙本也可以，假設可以每天更新，建議寫部落格。

圖 4-11　公開栽種過程

每天更新部落格

風來也擔任農業諮商，我總是建議新手農夫：「最好從今天就開始寫部落格吧。」究竟因為什麼樣的動機想種田，還有之前經歷的過程，都可以寫下來發表。如果剛開始覺得不好意思，可以先設定不公開。習慣以後，每天都會把過程寫下來。就算當了農夫，也無法很快就收成。如果把過程、付出的心血寫下來，說不定會有人支持、感興趣，這樣在收成時說不定可以賣給這些人。

順帶一提，我從二〇〇〇年開始，幾乎每天寫日誌，把蔬菜成長的過程、自己的想法在網頁上公開。這也會帶來大家的信賴。

就算別人從今天開始寫日誌，只要我沒停筆，就不怕被趕過。這叫作「以質取勝」。如果要以價格或數量決勝負，根本行不通。為了創造價值，從累積資訊與技術形成的差異，會使人更有自信。

電腦現在也成為農業機具之一

前面提到小型農業很適合網路，然而，每當我在演講、視察之類的場合這麼建議，總會有年長的人會回答：「我年紀大了，學不會啦。」甚至有許多還年輕的人說：「我不擅長用電腦。」之前我會對這些人說：「那就不要勉強，試著從不必用電腦的管道發佈訊息吧。」但是實在太可惜，最近我的說法漸漸變了。

「眼前有新型的高性能卡車，跟現有的舊車操作方法都不一樣，但幾乎不必花什麼錢就可以入手。你會怎麼做呢？」

實際上，我目前用的電腦是二手的，價格比卡車的保養費用還低呢。就算真的學不會，就當作「買了用不到的農耕機具」，先試著挑戰看看如何呢？

就算不在網路上販賣也沒關係

在風來隔壁的鎮上，有位少量多品種經營的農家，他在六十五歲時挑戰學電腦，還擁有自己簡單的網頁。他的網頁沒有網購的部分，但許多人看了以後打電話來，尤其以附近的餐廳為主，來田裡買蔬菜的人也增加了，現在光靠直售就可以維持生計。

沒錯，經營網站並不一定非得透過網路販售。新手農夫可能還沒有個人網站，但也有人透過臉書等社群網站發佈訊息，之後營業額便增加了。如果不是在網路上銷售，而是當成傳遞訊息的管道，門檻就降低了，可能性也無限延伸。

二〇一四年冬，青森的某位蘋果農家因為冰雹蒙受損失，即將收成的蘋果都被砸傷。平常有四千日圓（約新台幣一千一百元）／十公斤的行情的蘋果，向地方的ＪＡ（農業協同組合）諮詢後，對方建議以五百日圓（約新台幣一百四十元）／十公斤的價格出售，提供榨蘋果汁的原料。「這樣連成本都不能回收！」他在臉書上吐露心聲，於是有很多人回覆說：請賣給我。於是以兩千日圓／十公斤（約新台幣五百五十元，不含運費）的價格販賣，聽說在兩天之內，兩百箱全部賣完。

當然，願意設身處地照顧農民的農協遍佈全國。不過像這樣找到另一種販售管道，以正面的意義來看，不也促使大家更積極嗎？

活用年長的優勢

前面我提到「以質取勝」，與其「和人比較」，不如注重「自我品質」。每個人都有自己獨特的差異，那就是「年齡」。即使年齡增長，我還是趕不上比我年長的人。看到年輕人運用ＩＴ從事新型農業，其實更讓我訝異的是年長者使用電腦。

譬如我在網頁上詳細解說「農家的手工製味噌」，後面出現留言「原來如此，也有這樣的作法啊。我今年七十五歲，用的是另一種作法」，那當然是年長者的作法更可靠吧。在知識的世界，年齡是種資產。請務必活用這項優點。

7 如何運用網路

資訊發佈對象的區別

話說回來，小農到底應該要怎麼運用網路呢？

網路的世界變化快速，已經不能以「dog year」（譯註：狗的生長快速，一年相當於人類的七年）來形容，恐怕已達到「mouse year」的程度。在技術方面跟專業人士學習最準確。不過在技術方面以外，如果將網路定位為發佈訊息的途徑，其中的區分就變得很重要。

譬如——

▼網站是傳達農家想法、態度的正式場合。

▼部落格（日誌）是稍微有點正式的途徑，敘述平常的想法讓客人閱讀。

▼臉書等「SNS」（社群網站）最適合以平常的樣子展現自己的特質（圖4-12）。

SNS是Social Networking Service的縮寫，直譯為「構築社會網路的服務」。簡單說也就是「促進使用者彼此之間溝通的服務。」公開自己的簡介、報告近況、交換資訊，也可以很容易地通知活動，感覺像朋友的朋友一樣，能夠有效地擴大自己的交友圈。

雖然很少有直接在社群網站交易的情形，但是有所謂口頭傳播的效果。

最近有些客人明明看過風來的網站，卻不採用官網的訂單表格，利而是用臉書的訊息功能訂貨。這些人不是熟客，我想應該是希望以個人的身分獲得關注吧。正因為規模小，所以會展現出個人。這種個人與個人的聯繫，我想在社群網站很有效。

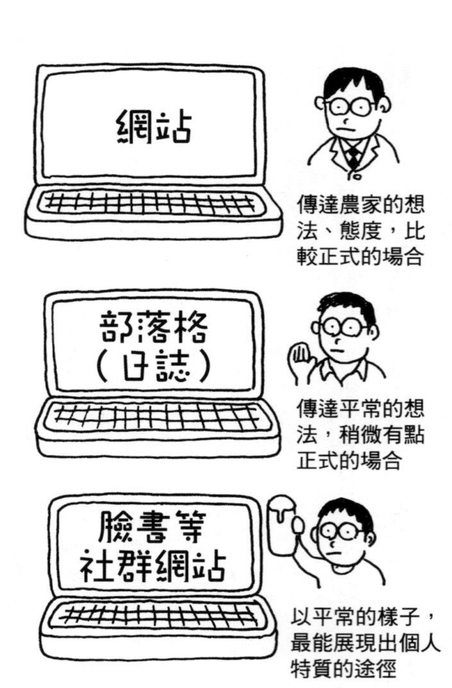

圖 4-12　區分在網路上發表訊息的類型

表達標語與主張

ＩＴ技術日新月異，一直有新的東西誕生。但最重要的不是「如何傳達」，而是「要傳達什麼」。

農家必須擁有的栽培技術與加工技術等牽涉很廣，我想現代農家必備的能力之一，應該要包括「表達自己種植蔬菜之價值」的能力（提案力）吧。

要能夠在三分鐘之內，說明自己從事什麼，有何特徵等。另外，如果有標語或主張（信條）之類的清晰概念，網站可以交給這方面的專業人士製作。假始標語或概念還沒想出來，就算先架設網站，也只具備形式而已。

風來是「日本最小的農家」

順帶一提，我們「風來」的標語是「全日本最小的農家」。信條是「提供大家物美價廉又符合食品安全標準的日常好食材」。

請大家注意，「說」跟「傳達」是有差異的。不是要說得多好，而是以有效傳達為目的。不管想說多好的話，如果沒有傳達成功就等於沒這回事。

在網路世界資訊氾濫。根據資料顯示，瀏覽網站的時間平均只有三秒。譬如搜尋「蔬菜＊宅配」，會找到許多網站。判斷這個網站對自己有沒有用、是否能信賴，頂多只有三秒。這三秒要如何傳達想法、獲得信任？所以如何透過標語、概念傳達，就變得很重要（圖4-13）。

風來的網站看起來已經有點老舊了，在許多網頁的橫幅廣告常會出現「超好吃」、「某某人極力推薦」、「大特價」的關鍵字，不過我們以累積常客為目標，只要有喜歡沉穩風格的人看到，我想就沒問題（圖4-14）。而且每天持續累積的日誌可以讓客人放心。這就是特色方面的差別。

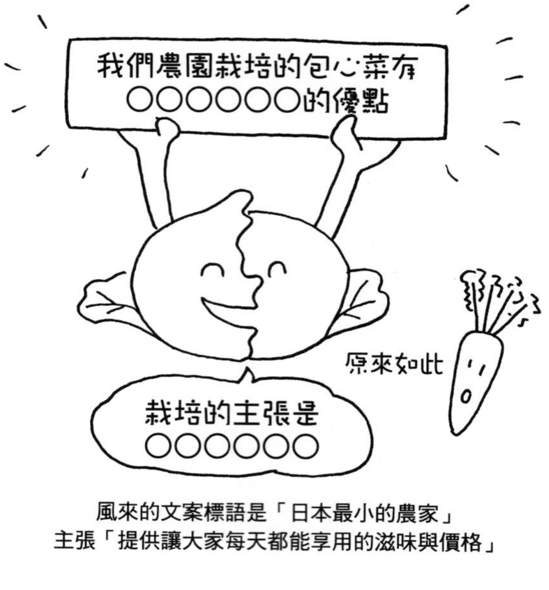

風來的文案標語是「日本最小的農家」
主張「提供讓大家每天都能享用的滋味與價格」

圖 4-13　想好農園、蔬菜的標語跟主張

傳達愉快的過程，而不是抱怨

所謂網路上的日誌，當然是記載每天發生的事，不過我會意識到向閱讀的人傳達務農的樂趣。當然，農家面對著自然環境，以辛苦或嚴苛的狀況居多，但是要記得不要

圖 4-14　風來的網站

抱怨。

我經常在與農業相關的活動場合，聽到固定的開場白「最近的農業，情勢相當緊迫……」令人覺得這反而像是種自我暗示。目前為止，與其在宣傳農業的優點，更像是一面倒地在傳達農業的艱難。我自己擅自推測，或是是因為從過去的封建時代以來，只要先嚷嚷「不好了」，就能獲得某些利益吧（現在可以領到補助金、輔導金等）。

同樣的商品，放在明亮與陰暗的超市，應該是明亮的環境會讓人比較想買吧。就像「北風與太陽」，既然機會難得，還是試著以太陽為目標，更容易達到宣傳的效果。而且自己也會覺得比較愉快吧。

讓正確的事變得更有魅力

有位在石川縣內種稻的農家——「林農產」林浩陽先生，承蒙這位前輩照顧，他一直是我尊敬的對象。林先生的日誌很特別，相當有親和力，農耕方面的貼文比較少，反而是跟消防、腳踏車、食育等方面的記事比較多，有時候甚至會寫：「世界上還有很多地方的米比我種的更好吃喔。」

林農產的日誌很受歡迎，網路販售的銷路也急遽上升。那固然是商品本身有足夠的吸引力，我覺得也可歸功於有些人想支持「林桑種的米」。

林農產的標語是「二十三世紀型的搞笑農業」。乍看好像在開玩笑似的，林桑說「越是好的事情、正確的事情，更應該要透過有魅力的方式傳達」。確實，正經八百的言論，感覺總像是高高在上，因此產生隔閡，讓人聽不進去，這樣就失去意義了。林桑真正的用意是「為了將農地留傳給兩百年後（七代後）的子孫，必須要有魅力地傳達農業的優點」。

我認為農業本來就是有理想抱負的工作。正因為如此，我認為接下來應該要努力將農家的魅力傳達出去。

活用公家機關的網路教學班

我是在創業第一年的冬天（二〇〇〇年）開始成立自己的網站，因為當時閒得發慌，覺得難以忍受。網站是自己做的，現在回想起來好像很厲害，其實也是想藉著在網路公開農耕日記，開始販售醃漬物等產品。我真的覺得很慶幸，還好當時先架設了網站。因為是外行人自己做的網頁，難免有遇到問題不知如何是好的時候，還好有石川縣中小企業支援中心開設的網路販售教學班。要是沒有在那裡上課，我想也不會有今天吧。

現在我依然在留意，有沒有各地中小企業支援中心舉辦的網路教學班。因為是公家機關主辦，費用多半不會太貴，如果想運用網路，建議先蒐集相關課程的資訊，先參加試試看。我想他們會根據各人的能力，告訴你應該要從什麼地方開始。另外還有各地工商會等的經營診斷派遣事業，也可以向他們諮詢。

註釋

註1　**觀音水：**位於愛媛縣西南部的湧水，是日本名水百選之一。

第 5 章

如何維繫客人

——增加熟客

風來銷售方式的變遷

直售所、網路的崛起

現在，稻作農家直售米，已經是理所當然的事。以前我告訴學生「在稍早之前，農家還不能自由販賣米」，他們聽了大吃一驚。在我剛開始投入農業時，以稻作農家為中心（大規模的稻作法人），農家經營的直售所在各地開始創立。於是各地都有大型直售所出現，農家與市場的關係、以及市場擔任的角色似乎也跟著改變。

由於這類大型直售所出現，我覺得投入農業的門檻降低了。如果以前附近就有像現在這樣的大型直售所，我的作法也應該會有所不同吧。

在過去二十年間最大的變化是：網路變得很發達、智慧型手機與平板電腦等工具也已經普及。流通的形態也因此有很大的改變。在二〇〇〇年的流行語大賞，有「ＩＴ革命」這個詞彙。現在如果再提ＩＴ革命，恐怕會被笑，因為這已經變成大家習以為常的事物了。

拜網路之賜，拉近與人們的距離

在剛建立風來時，我將產品送到附近的超市販賣（圖5-1）。雖然很近，卻完全不曉得客人的反應。我想客人不會特別意識到這是當地種植的蔬菜，對店員來說，這也只是無數商品中的其中之一而已。因為自己過去從事服務業，所以感觸特別深，無法得到客人的反應，讓我感覺很落寞。

在網路上購物的客人，經常會給我反饋。我想這跟自己設法讓反饋變簡單也有關，網站留言

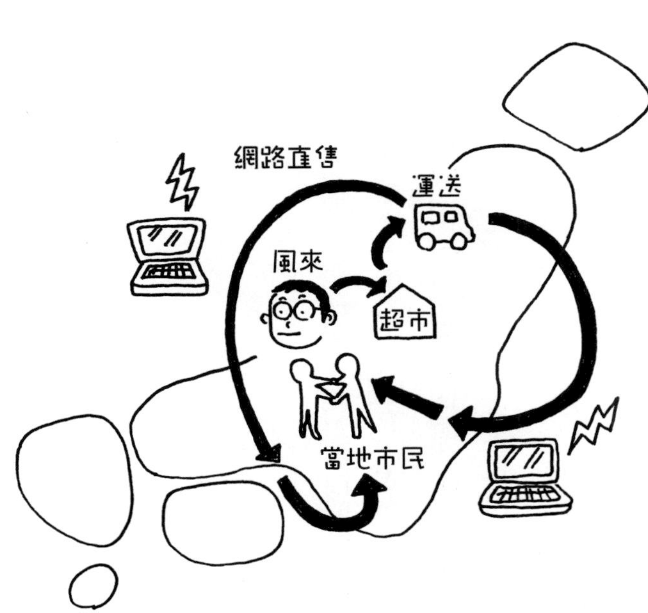

圖 5-1　風來銷售方式的變遷

板的確有許多留言，還收到很多電子郵件。我沒見過這些客人，但是有交流。距離很近但沒有反應的客人，跟距離雖遠但有反應的客人，究竟哪一種感覺比較近，似乎是由回購的頻率決定。

雖然很遠，感覺卻很接近的「知域」

即使沒見過對方，距離又很遠，感覺卻很近。像這樣的關係，我定義為「知域」的關係。以前這個詞是媒體傳播訊息的意思，像付錢播電視廣告的大廠商，才有這樣的影響力。拜網路環境發達之賜，現在是個人也能以便宜的代價發佈訊息的時代。

從「知域」到「地域」

經歷像這樣藉著發佈訊息交流形成「知域」的客人，我現在又回歸到「地域」，覺得還是現實生活中見得到面的關係最強（圖5-2）。

但不只是回歸，最重要的是向近距離的客人傳遞訊息。其實有很多第一次來風來店鋪的客人告訴我：「透過網路搜尋，才知道附近有這樣的店。」而且，地域的範圍並不狹隘，不少客人來自單趟車程一小時左右的地方。

從事農業，作為職場的農地是固定的。如果做了特別的事，立刻就會變得引人注目。因此，在某種程度的實力增強之前，先透過「知域」擴展關係，然後再回歸到「地域」的關係，我的確覺得這樣的

年	與客人連繫的方式
1999 （創業）	・進貨到附近的超市。 ・在鄰近的路邊叫賣。 （建立網站）
2000 ～ 2005 （配送時代）	・送到金澤市內的生協（生活協同組合）、農家的直售所、自然食品店等。 ・開始在網站上販售蔬菜組合。
2006 ～ 2010 （轉以直售為主）	・配送的比例減少，變成以透過網路直售給客人為主。 ・與本地熟悉的農家組成「與市民一起種黃豆作味噌的團體」（豆豆俱樂部）。
2011 ～現在 （直接面對客人）	・參加當地報社主辦的市民講座。 ・舉辦風來自己的體驗教室（蔬菜俱樂部）。 ・與當地的農家夥伴、市民組成團體。

圖 5-2 在不同時代，風來與客人聯繫的方式

作法比較不勉強。後來每當有人向附近的農協詢問「哪裡有賣無農藥的蔬菜？」農協也會向他們介紹「風來」。似乎是因為常有人前來視察，附近停著大型遊覽車，改變了他們的看法。

2 如果保持聯繫，銷售額會達到十倍!?

從根本轉換想法

許多人或許會想到將「十」的業績提升到「十二」、「十三」。以農業的情形來看，可以擴展農地，或是提高效率、提高產量等……但是將「十」的業績提高到「一百」，必須從根本轉換想法。

我們風來的耕地面積是三十公畝，如果按照一般的種法、配合市場的銷售方式，根本無法生存下去。正因為如此，所以我們提高直售的比例，也試著加工做醃漬物，因此覺得農業還有其他的可能性，正在努力實踐。

其實當初讓我最早想到這些的，是雜草。

除田裡雜草的體驗帶來靈感

對於無農藥栽培的農家來說，雜草是春夏煩惱的來源。有一次我以客人為主要對象，問大家「要不要來幫忙拔草？」有五人參加。但我怕他們使用鐮刀時割到手，總覺得放心不下。為了謝謝他們，還準備了茶跟點心……在結束時覺得好累，感到召集人手幫忙實在是件困難的事。

不過，原本一直掛念著除草這件苦差事，一旦開始之後，專注於眼前的雜草，我不但忘了煩惱，還浮現關於新商品與寫網誌的靈感。所以後來我號召「風來提供機會讓大家幫忙除草，有誰要來？」

這次來的人數是之前的三倍。而且因為有備而來，所以速度很快。他們手持鐮刀、穿著長靴，似乎樂在其中。不但沒有酬勞，他們還自己帶點心跟飲料來。除完草以後，大家分享著自備的點心，似乎很滿足，還說：「源桑（我的綽號），下次還要再找我們喔！」

然後就回去了。當時我很認真地想到，或許可以收費讓大家參加「割草療程」。

我發現，農家覺得麻煩的事，其實很有價值。

用剛採收的蔬菜開設醃漬物教室

這是由熟悉的農家教我的作法（圖5-3）。

夏季是小黃瓜大爆發（也就是豐收）的時節。在這時候，就算拿到直售所，也供過於求。其中甚至有一條賣不到十日圓（約新台幣三元）的情形，我覺得這實在太浪費了。

因此我問大家「要不要來做小黃瓜的酒糟漬？」我以一根五十日圓（約新台幣十四元）的價格販售自然曬乾的小黃瓜，另外再收酒

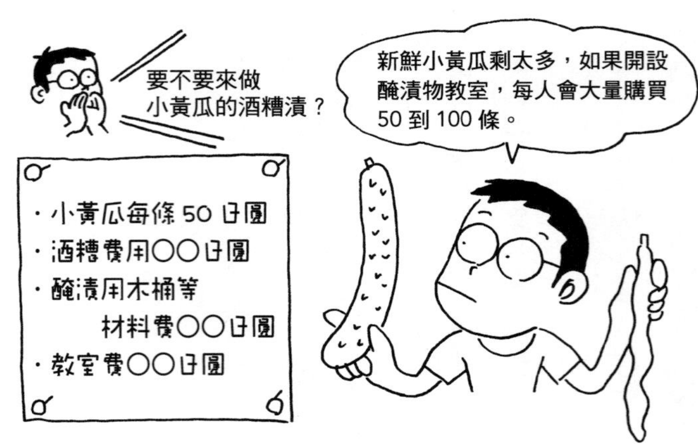

圖 5-3　利用收成過多的蔬菜開設醃漬物教室

糟、木桶等材料費。因為醃漬物可以保存一段時間，所以每人大約購買五十到一百條，另外還有收教學費（不含材料費是一千到一千五百日圓，約新台幣兩百七十五到四百一十元）。於是，盛產的小黃瓜，一下子就賣完了。

冬季的白蘿蔔，在直售所同樣也是過剩的情形，所以我會問大家「要不要來做澤庵漬？」澤庵漬的話，學員要來兩次。第一次是拔蘿蔔、用水清洗、綁好、晾曬，先讓大家做到這個階段。過了兩週再回來，這次是真正開始醃漬。當然我們會收白蘿蔔的費用、材料費、教室費。在寒冷的冬天，讓大家從收成、洗淨到收尾，進行各項作業，真令人不勝感激。

向夥伴學習如何辦活動

這本書一路讀下來，好像每次我都會想出能夠做什麼，不過當然不是一開始就這麼順利。

想辦活動，到底要如何才能招到學員，要收多少費用才妥當，要考慮的事很多。我也覺得，如果一開始只有自己一個人，根本辦不到。所以過去的經驗發揮了很大的作用。

我以前就有舉辦過農家的讀書會，我們這些夥伴最有行動力的表現，就是從二〇〇八年開始的「豆豆俱樂部」。包括我在內以三戶農家為主，讓參加者用自己種植的黃豆製作味噌。我們的基本概念是讓農業更接近生活。當時因為食安問題、進口蔬菜隱藏的危機引起軒然大波，在一週內成員就增加到十五戶（透過我們認識的自然食品店得知）。後來再參加的成員，有很多是從當時就開始參與。

參與「豆豆俱樂部」的農家目的是「讓成員學習」。到底要怎麼教才好，會費要收多少才妥當，辦什麼樣的活動才讓人覺得有趣等等，都必須經過思考。因為是農家，所以可以自己栽培，但是舉辦教學活動又是另一回事。我們這些彼此熟悉的農家互相幫助，腦力激盪，培養自己的能力。

現在，日本各地都有這樣的活動，風來也從二〇一三年開始舉辦「蔬菜俱樂部」，為了讓大家進一步了解農業，讓大家學習種菜，各自帶食物來舉行餐會。我深切地感受到，透過這樣的方式讓大家接受、學習，真的很重要。

田野結合知識，就像「充滿可能性的寶庫」一樣。德島縣上勝町的葉子商機就屬於這個類型。不過不管有什麼樣的可能性，不試著提出、實際付諸行動就沒有意義。

我想，一開始就追求大規模，會很困難。建議大家一開始先展開小規模的嘗試，如果不行再考慮下一個步驟，這也就是最小化主義的思考方式。

3 開設農業體驗教室

對有智慧的年長者抱持敬意

就現況來看，我覺得「以前的老年人」跟「今後的老年人」在根本上是不一樣的。譬如聽到醃漬物，究竟會想到「自己製作的」還是「買來的」。提到醃漬物，原本就想到是「買來的」人，隨著年紀增長，並不會在十年後自動變得會做醃漬物（圖5-4）。

我想這是有沒有智慧的差別。現在電腦跟網路都很發達，資訊氾濫。因此擁有知識的人增加了，知識一直更新，隨著時代變遷就派不上用場。另一方面，智慧是隨著經驗累積而獲得。難道缺乏智慧的老人應該要受到尊敬嗎？

我自己開始務農以後感受到，農家累積了豐富的智慧。不讓這些智慧以無形文化財告終，而是成為活用的資產，我想這或許就是接下來農家的職責。

透過市民講座分享智慧

想到這些，我自然會考量要如何分享智慧，如果更直率地說，究竟如何販賣智慧……正在想著這些的時候，地方報社經營的文化中心邀我去當講師。

剛開始我感到不安，懷疑自己能不能勝任，但伴隨著責任感以及各種計劃的進行，我還是接受了邀約。前面提到參與「豆豆俱樂部」的經驗，也促成了這項決定。

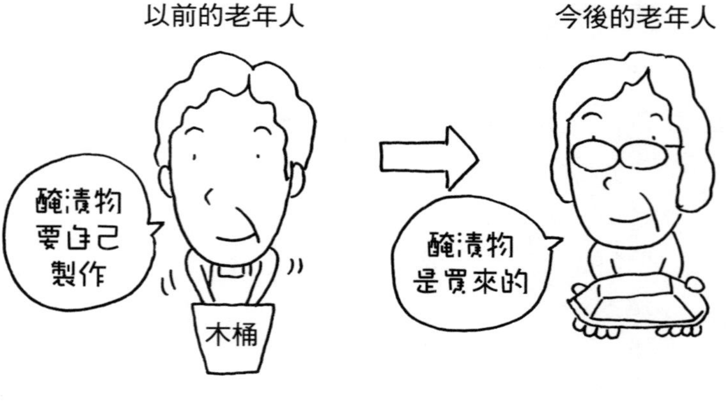

圖 5-4 「以前的老年人」與「今後的老年人」

每月一堂課，學費兩千日圓加材料費

講座的詳細內容就像表5-1。每月一次，在第三週的星期六早上十點舉行。講座前半解說無農藥蔬菜栽培，後半以食為中心，展開實習。課程費用是一人一次兩千日圓（含稅，約新台幣五百五十元）加上每次的材料費（五百到一千日圓，約新台幣一百四十到兩百七十五元）。每半年更新內容。

我本來擔心，在這樣的鄉下地方，究竟會有多少人來參加，結果很快就額滿了。一班名額是十人，不過據說詢問的人很多，文化中心甚至問我要不要每月加開一堂課。學員以三十到四十幾歲的女性、五十到六十幾歲的男性為主，也有一些年輕人，令我很意外。或許年輕的世代也意識到，智慧有可能失傳的危機吧。

▼四月：香草盆栽增促使學員回流!?

在第一次講座的前半，首先讓學員參觀農田，讓他們實際嘗試作畦等。觀察學員的反應，並且確認他們對農事理解的程度。

基本上，會來參加這種課程的學員，有不少人從來沒接觸過土壤，還有很多人不曉得

表 5-1 「菜園生活 風來」講座

種類		農田	教室	主要的材料	學員享有的福利
春	4 月	在田裡實習。學習育土、作畦。	種植多種香草、如何沖泡美味的香草茶。	香草苗	多種香草
	5 月	如何定植蔬菜苗，以及之後如何照顧。	製作艾草糰子。	艾草、米粉、糯米粉	艾草糰子
	6 月	處理雜草。分辨雜草的好壞。除草療癒。小黃瓜收成。	美味米糠醬菜的作法（製作米糠醬，分配風來獨家的菌種）	米糠、蔬菜	米糠醬
夏	7 月	初夏的蔬菜收成	令人大開眼界的橄欖油教室（夏季蔬菜版）	橄欖油、蔬菜	在風來用餐
	8 月	夏季蔬菜收成（以義大利蕃茄等為主）	製作蕃茄醬汁、夏季蔬菜披薩	義大利蕃茄、麵粉	在風來用餐
	9 月	準備秋冬的蔬菜	製作地瓜、南瓜布丁等自然甜點	地瓜、南瓜布丁	剛作好的甜點
秋	10 月	關於害蟲對策	使用本地產無農藥越光米磨成的米粉，製作料理	林桑家的米粉	在風來用餐
	11 月	收成秋季蔬菜（白菜等）	將收成的白菜作成泡菜、淺漬的作法	白菜、蘋果	白菜泡菜
	12 月	蕪菁、白蘿蔔等收成	蕪菁壽司	蕪菁、米飯	蕪菁壽司
冬	1 月	製作發酵肥料	製作欠餅	糯米	欠餅
	2 月	選擇種子	製作味噌	黃豆、米麴	味噌
	3 月	開放農田參觀、制訂種菜的計劃	製作豆腐	黃豆	豆腐、豆渣（現場有味噌湯）

要在哪裡、如何學習。他們津津有味地聽著鋤頭要怎麼拿。因為沒有手冊教這些，我還記得大家都很認真聆聽的樣子。

在講座的後半，讓大家實際栽種香草。首先選擇適合種在一起的幾種香草，種在花盆裡讓學員帶回家照顧。因為是自己種的，會想報告生長的情形。我原本沒有意識到這點，但是因為香草盆栽的關係，從下個月起，有很多學員繼續來上課。

順帶一提，最受歡迎的是荷蘭芹、芝麻菜與散葉萵苣的組合。因為其中每一種都不會把根紮得太深，所以不會只有一種長得特別旺盛。如果加入薄荷，因為很會生長，很容易獨佔鰲頭。

▼五月：大人都專注地做著艾草糰子

五月在田野的部分，教導定植的方法與後續的照顧。我參考《現代農業》月刊，將自己實踐過，覺得不錯的技術教給大家，像是淺植與洗淨根部等。尤其像青椒與茄子先洗淨根部後，抗病力變強，我想來參加的學員有很多人對這類技術感興趣。

後半的課程是製作艾草糰子。用新鮮艾草做的艾草糰子別有風味。或許是做糰子的觸感會讓人恢復童心，一群大人開始做以後，都很專心。

▼六月：大家都很關切：如何不用除草劑除去雜草

六月進入梅雨季節，要講解的是雜草對策。

風來一開始土地缺乏養分，幾乎連雜草都不長。在育土的過程，我發現雜草的種類持續變化，並且將這個經驗跟大家分享。一開始是問荊，接下來是稻科，等到土質改善後，長出豆科的草。我告訴學員，藉由這個循環，自然會讓土質變好，沒有造成妨礙的草，不拔也沒關係。會參加課程的人多半注重環境意識，積極地詢問我如何不用除草劑，去處理那些雜草。

在教室教做米糠醬菜。雖然米糠醬只是用米糠、鹽跟水製作，但是很受歡迎。利用風來自己的米糠醬提供菌種，雖然只有一把的分量，仍可成功做出米糠醬，不會失敗。米糠醬會漸漸在每個家庭發展出自己的味道，這也是一種樂趣。

▼七、八月：收成夏季蔬菜與橄欖油料理

這個時期的課程是夏季蔬菜的收成體驗。在收成的同時，也教大家修剪的方法等。只是到了七月，如果不在一大早採收，蔬菜壞得很快，實際上的收穫量很少。

後半的課程，是利用蔬菜進行橄欖油料理教室。我們家最推薦的是橄欖油蒸煮櫛瓜。

倒入充分的橄欖油，加入切塊的櫛瓜，蓋上蓋子煮，口感就會變得很濃稠。調味只要加鹽，就能品嘗到櫛瓜特有的風味。這道料理也大受好評。

八月主要以義大利蕃茄的收成為主，並且用這些蕃茄做醬汁。雖然是日本還不常見的烹調用蕃茄，只要加熱後就可以證明它的美味。我們拿義大利蕃茄與普通蕃茄讓學員試吃比較，也很受歡迎。

▼九、十月：關於病蟲害防治的詢問增加

九月的教學內容是為秋、冬的蔬菜做準備。包括讓紅蘿蔔發芽的方法、介紹白蘿蔔的品種、可以越冬的蔬菜。因為大部分的人跟農家不一樣，幾乎都沒有溫室，如果告訴他們高菜、塌棵菜可以在冬季露天生長，他們會很高興。後半場是用當季的地瓜與南瓜，製作自然甜點。緩緩地享受午茶時段，感覺是段奢侈的時光。

十月主講病蟲害對策。在家庭菜園教室，很多人會問到如何對付雜草與害蟲。最大的關鍵還是有沒有把土質培養好。一開始建議用防蟲網或不織布等物理性防治，不要讓土壤含太多氮。混植的評價也不錯。

講座後半，採用當地的米粉製作米粉料理。我們採用一些容易製作的食譜，譬如秋季

蔬菜的天婦羅。我發現知道米粉的人很多，但實際上購買的人很少。

▼十一、十二月：醃漬物教室超乎意料地受歡迎

這個時期是秋冬蔬菜的收成期，醃漬物會變得越來越好吃，在課堂上用收成的蔬菜教做泡菜或蕪菁壽司（北陸特產的米麴漬蕪菁）。我原本不確定現在的人對醃漬物教室有沒有興趣，結果也很受歡迎。反過來看，現在會在家裡做醃漬物的人已經很少了。

▼一、二月：做味噌一直都很受歡迎

嚴格說來，冬季應該是農地的準備期，所以教發酵肥料的製作、如何選擇品種。採用當地的米糠與黃豆渣製作發酵肥料，反應也不錯，另外關於品種方面，提到抗病力強的地方品種，大家都很感興趣。

後半段的生活智慧教室，一月教做欠餅，二月教做味噌，果然味噌課程很受歡迎。在味噌製作的部分，今年我們舉辦第二屆味噌分享大會，讓前年來上過課的學員再回來，看看一年後變成什麼樣的味道。

▼三月：關於食品加工，大家最想學做豆腐

最後的三月，教導製訂農耕計劃，還有如何施肥。在加工方面，教導最受歡迎的「豆腐製作」。

不過，第一年製作的豆腐無法凝固，因此失敗。後來我發現，原因在於購買的鹽滷所含氧化鎂的濃度（由於節食熱潮的影響。便宜且濃度低的鹽滷在一般的店裡很難買到）。當時我們緊急改成豆腐渣料理教室，幸虧好心的學員們願意諒解。

尋求農家的智慧

雖然發生了各種各樣的事，但是這些經驗全都成為現在自己的一部分。其實文化教室開始於二〇一一年三月十九日。沒錯，也就是在震災（編按：東日本大震災，發生於二〇一一年三月十一日）剛過幾天後。當時曾考慮過暫停開課，但想到在這樣的時刻或許更需要智慧，所以照計劃開課。現在回想起來，很慶幸當時這麼做。由於自然災害的風險與消費稅增稅等原因，提高了經濟上的風險，我想有越來越多人覺得，接下來需要真正的生活能力（百姓力）。這時候能夠傳承智慧的，不就是農家嗎？

透過臉書告知活動

除了講座本身會帶來收入以外，來上課的學員，也會大量購買「風來」的蔬菜與醃漬物等，提升銷售業績。而且在講座結束之後，學員還會回來繼續當客人。

所謂行銷，除了傾向於思考如何將東西賣出之外，最先進的行銷，思考的是如何讓人們成為店家的主顧客。就這個意義方面，我深深地感覺到開設講座有多大的效用。

我擔任了兩年文化中心講師，還有報社主辦的活動以風來的店面為場地，給予費用，之後我也自己辦活動（例如前述的蔬菜俱樂部）。

活動只透過臉書通知（每次十五到二十名）。社群網站不只作為發佈訊息的管道，也可以用來告知活動，真的很適合跟農業結合。

光是蔬菜俱樂部還不夠，所以設立了醃漬物教室、田野教室，後來還舉辦帶食物來分享的宴會。最近的口號是「飲食喜好相近的人，很快就能成為朋友」。講究飲食的人不只對吃，對生活各方面多半都有很有想法，所以聚會的氣氛很好。參加過的人還會介紹喜好相近的朋友來。

農產品有限，智慧無限

實踐過這些之後，我深深地感受到，融合生活智慧的販售有無限可能。

風來有風來媽媽手工製的點心，還販售戚風蛋糕，我太太也開過好幾堂戚風蛋糕課程。戚風蛋糕只限每月的一個週末販賣，其他時間用來上課。在平常日的上午與下午各有六個名額，費用是一人四千日圓（不含稅，約新台幣三百八十五元）。報名大約要在三個月前就先預約。開課比直接賣戚風蛋糕還要確實，而且我想大的優點是不浪費食材。因為販賣麵包或甜點，最大的問題就是如何處理賣不完的商品，這的確需要智慧。

農產品是有限的，將田裡的作物賣完就結束了，但智慧是無限的。而且農家也以能夠教導智慧而引以為榮。

譬如由農家擔任當地家庭家園的指導老師。這麼一來，可以讓民眾對農作物更加了解。現在有許多農家參與六級產業化等加工販售。就算用自己田裡收成的作為原料，只要捲入價格競爭，就沒有勝算。所以我想可以走「堅持古法」的路線。但不管農家多強調真材實料，不懂農業的人還是無法理解。為了讓大家了解什麼是真材實料，我想傳授智慧很重要。農家自己也是，不可能什麼都自己做。但只要民眾實際上做過一次，對食物的看法就會改變，購物方式也一定會轉變。

智慧不會減損，不會被剝奪

我因為看到父母做醃漬物與欠餅、味噌、糰子等，所以很自然地學會這些作法。就某種意義上來說，可以算是得天獨厚。（小時候卻覺得要幫忙做這些很麻煩……）譬如像欠餅等食物只能在某個時期製作，但到完成為止要等兩個月。正因為我看過父母製作的情景，所以才有信心完成吧。

只要跟著別人開始做，就會凝聚智慧，而且智慧會隨著經驗累積。那是不會減少也不會被奪走的獨特資產。

在鄉下比較寬闊的家屋，會附設放工具的小屋。我曾經看過有蒸籠、灶、杵跟臼等。屋主的祖先想必很重視這些工具，現在卻幾乎都閒置一旁，乏人問津。然而，只要懂得生活智慧，這些工具看在眼裡就像寶山一樣。正因為處在這樣的時代，所以要靈活運用智慧。智慧不需要付消費稅或贈與稅。雖然把金錢、物質留給小孩也很重要，但是在面對未來時，智慧才是最重要的資產。

4 如何與地域的農家保持聯繫

每月報告近況一次

由我擔任幹事，我們每個月舉辦一次農家的讀書會。這樣的活動已經持續約十年以上。

從基礎開始，我們買了農業學校的教科書，從「育土三要素是……」讀起，真的是名符其實的讀書會。不過參加人數沒什麼增加，成員從事的領域很廣（基本上我們的態度是不拒絕新加入者，也不強留想退出的人），包括稻作農家、蔬菜農家，還有果樹、花卉，以及剛加入農業的新手。

光是蔬菜農家，從栽培的作物到種植的方法、規模與販售方法，就各有不同，可說是十人十色。當我想著怎樣讓參加的人都覺得讀書會有用，正好朋友邀我去參加跟農業無關，訓練傾聽能力的研討會，我忽然想到：「這就對了！」

從此以後，每月一次的讀書會，改以近況報告為主。每個人依照順序自我介紹，說明自己正在從事什麼，以及煩惱的問題。原則只有一個，就是在別人說話時，要專心聆聽。雖然很簡單，但是仔細想想，在大家都很忙碌的現代社會，應該很少有機會讓人專心聽自己說五分鐘的話吧。

釐清自己想做的事

讀書會上，除了大家報告近況之外，我們還會進行輪流演說。當月份輪到的人，要在大家面前說十五分鐘的話，主題可能是「五年後的自己」等。

剛開始在人前說話會很緊張，經過多次發表之後，就能夠表現自如。另外，在眾人面前說話十五分鐘，必須要有清楚的條理。在幾天之前，就得在腦海中整理，模擬要說什麼，也會重新發現自己想做的事。從事農業很容易只專注於眼前的工作。正因為如此，我覺得創造這樣的機會真的很重要。在第四章曾提到，為了在網路上簡短地介紹自己的農園，要提出「標語」或「主張」，也是像這樣在人前說話訓練出來的。最近有更多人採取行動、從事農業，另外販售網也擴大，直接聯繫的機會增加。雖然關於農法與農作物的讀書會也很好，不過如果有這類「近況報告的場合」，我想也不錯。前面提到的豆豆俱樂部，也是從近況報告會衍生出來的。

形成「野武士」的聯盟

我會想當農家，是因為農家之間有相當的團結意識。仔細想想其實也是競爭對手，但感覺上更像是志同道合的夥伴。或許是因為我們用同樣的水源灌溉，所以產生這樣的心情吧（不過反過來，也可能形成一種束縛）。

我想，未來的農家，不會是團體或族群，而是小型且各自獨立，遇到事情的時候就合力解決，這樣的「野武士聯盟」或許最理想吧。各自擁有不同的客群，獨立但保持聯繫。這樣的關係，彼此可以愉快地相處，或是互通有無，代為販售自家沒生產的東西，也可能是搭配成整組商品讓客人購買（圖5-5）。

如何維繫個人品牌

風來所有的商品幾乎都冠上「源桑的」稱呼。譬如「源桑的白菜泡菜」、「源桑的米糠醬菜」、「源桑的蕃茄汁」等。原本作為販售標語的「無添加」也以小字印上（也有很多商品沒特別註明）。

「源桑」是我大學時代的綽號。在剛創立風來的時候，正好有機JAS法頒布。在這個制度下，通過有機認證團體的許可後，才能明確標示為「有機蔬菜」。過去只是減農藥栽培或採用部分的有機肥料，也標示為有機栽培，容易產生誤解，我想這樣的制度有一定的效果。但也想到，全部概括為有機農產品，會不會有些勉強？像風來這樣的小型農家，販售量有限，所以在視線範圍內都可以符合規定。這麼一來也會提高個人信用。

只要加上「源桑」，即使什麼說明都沒有，也知道是無農藥栽培、無添加物。而且源

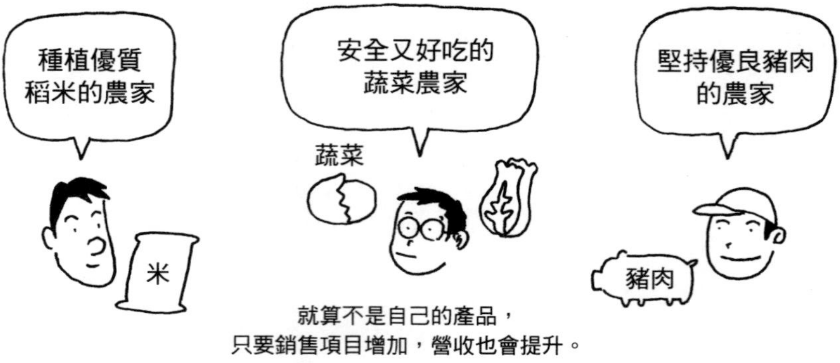

圖 5-5 形成野武士的聯盟

桑介紹的商品都有一定的品質。只要能建立這樣的個人品牌，更可以站穩腳步（作為信用擔保，我會開放田圃，讓訪客自由參觀。）

自從風來創立之後，到處都有人叫我「源桑」、「源桑」，當我聽到時知道自己已經獲得大家接受，覺得很高興。對於「源桑」的稱號一點都不難為情，只想到要推出有品質的產品。

風來除了蔬菜組合、醃漬物、風來媽媽的點心等自家商品，也販賣熟識農家的加工食品與米，以及無添加的調味料。客人剛開始多半購買蔬菜組合、醃漬物，如果要配送的話，客人也會再追加調味料與農家夥伴的商品。

當然，如果跟自然食品店相比，品項顯得很少（光是無添加醬油，自然食品店大概有十種左右，風來只有一種）。不過我們賣的東西，都是平常在自己家裡也會使用，自己覺得很好的製品。而農家夥伴的產品，我們會連生產者的特色一起介紹。也可說是「源桑特選」。因為源桑可以信賴，所以不會有問題……有很多人這樣想，所以購買。這樣的選品，比較不會陷入廉價競爭。

就這樣，以個人品牌的信用，販賣夥伴的產品。在加工品方面，就算不能自己製作所有的食品，只要從十位夥伴的產品各選擇一樣，一口氣就會增加十個項目。當然這比自家製造的利潤少，但是只要有主要的商品，就會對提升營收有幫助。

與大型農家的聯繫

在本書中，一直提到小農家、小農家，這並不是否定大規模農家或集落營農。在放棄耕地與後繼者不足等各種問題浮現的今日，如果在地方上有人繼承農地，那是很有意義的事。尤其是稻作等需要大型機械，也必須達到某種程度的規模，才會有稻米中心等設備。

我認為，最理想的狀態是「志同道合」的農家聯結成網路，通常

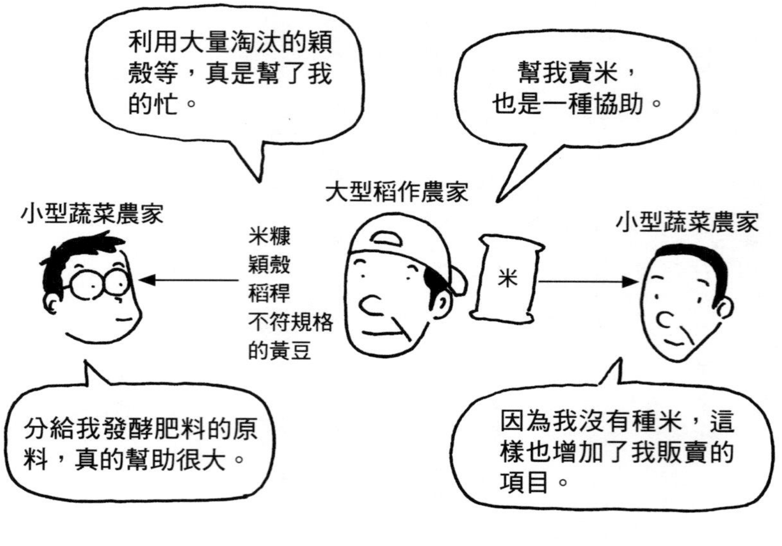

圖 5-6　與大型農家保持往來

在地方上是大型稻作農家的周圍有很多小型蔬菜農家。這就像飯與菜搭配的理想形態。蔬菜農家可以利用稻作農家淘汰的米糠、稻稈、穎殼，還有因為輪作轉換作物，種出不合規格的黃豆等；反過來，蔬菜農家也可以販賣稻作農家生產的米，如果像這樣到處聯結成網路，我想地方上的農業也會變得更強盛吧（圖5-6）。

5 召開農業小聚

收費的農業體驗教室

現在風來每月舉辦活動，販賣生活智慧，稱為「蔬菜俱樂部」。也就是收費的體驗教室，包括做味噌、米糠醬教學、田野教室，有時也會邀請外面的講師，舉辦橄欖油料理教室、日本茶教室。

每次的共通點是不只有教室，之後還有茶會或分享餐會。在自我介紹的同時，也介紹自己帶來的一道食物，迅速縮短大家的距離。現在教室的氣氛很融洽，第一次來的學員也能很快地跟大家熟悉。會參加這樣的教室，就是因為對食物感興趣或講究品質。我想這樣的人對農家非常重要。

想聽專業農家的話

舉辦過多次活動之後，我發現許多人除了對農業教室感興趣，也想聽農業現場與農家說的話。

在農村與農家四周，當然也都是農家，但是在現在的社會，消費者如果過著一般的生活，就算身邊就有農產品，也幾乎沒有機會直接跟農夫說話。我自己成為農家以後，覺得同業中有很多人的個性很有趣。雖然不知這樣是好是壞，與自然為伍的農夫，個人特色往往也變得很鮮明。

因此，我想到了「農業小聚」。聚會就像講座一樣，我所企劃的不是讓各界男女互相認識的交友平台，而是認識農夫的場合。

以「找到你的私人農家」為號召

透過臉書舉辦活動時，我試著提出以下的號召：

▼農業小聚在金澤

以「找到你的私人農家」為號召

這不是聯誼，而是農業小聚。農業小聚就是聚集對農業、食物感興趣的人的場合（任何人都可以參加）。

農業是培養生命的基礎。對農業、農家感興趣，但卻又不知從何開始嗎？在現代社會，你很難掌握食物的來源、食品如何被製造出來。正因為如此，我想到可以直接聯繫農家，舉辦活動。

就像家庭醫師或律師一樣，如果認識能夠諮詢的農家（當然不限一家），一定會覺得更放心吧。

雖然開頭寫得比較嚴肅，但是這次的企劃是：讓大家可以用輕鬆的心情去認識農家。

石川縣有許多獨具特色的農家，相信各位一定會覺得很愉快，而且增廣見聞。

本活動附贈飲料與當日限定特製咖哩（充分使用參加農家種的蔬菜）。這次是剛開始的第一步，為來我們的活動範圍會越來越廣。會費兩千日圓（約新台幣五百五十元），名額三十位。附飲料一杯、咖哩一盤、蔬菜前菜。追加飲料或食物請自費付現。

請毫無拘束地跟農夫交談吧，農家也會發表意見。也可能舉辦吉他演奏會、食育講座等。另外，現場也有直售參與農家的農產品、農產加工品。

農家十二人面對參加者二十八名

這場活動有十二個農家參加，他們平常都有參加有機農業讀書會，他們也付了參加費，不過可以在當天自由販售自己的農產品、農產加工品，而且他們沒有跟參加者一起享用前菜。

我本來很擔心參加人數太少，還好兩天之內就有二十八人報名。

當天的情形是：每桌一位農家，參加者可以選擇自己想坐哪裡。在正式開始前，場面

照片 5-1 場面熱絡的「農業小聚」。

就已經很熱絡。來參加這場活動的人，多半關切飲食，也會認真聆聽農家的話，參加的女性佔了六成。

其他的部分，包括各桌的自我介紹。農家大約有五分鐘的時間，介紹自己的農園與對農業的想法。工作人員會以投影的方式，放映這位農家的網站及臉書，獲得相當的好評。我再次深切地感受到，提案能力對農家來說很重要。

第一場聚會先展開各別的自我介紹，除此之外還不需要進行其他部分，不過，為了讓農家的農產品賣得更好，整桌的人一起思考銷售計劃，我想對於農家來說應該也有些幫助。

有很多人尋求聯繫

當地的農家會簡單介紹「農家地圖」（為了追求安全的食物，委託當地的主婦製作）

發給參加者，之後有許多人會各自向農家直接買蔬菜，繼續照顧生意。我發現，實際上會去訪問農家、直接購買的人，以女性居多。一到農家的收穫祭，很容易變成蔬菜與農產加工品的即售會。這樣或許也有交流的機會，但是站在農家的立場，必須以販售眼前的生鮮品優先。不過農業小聚的情形相反，首先要了解農家的特質。因為這樣的前提，所以能夠長期往來。我想接下來如果有類似理念的聚會也不錯。

最重要的是，不要只辦過一次活動就沒下文了。要思考怎樣讓更多人能找得到自己，雖然準備名片或傳單也很有效，但我想現在最能發揮力量的，就是社群網站。

正因為現在是資訊泛濫，不知道該相信什麼的時代，所以必須要尋求人與人的聯結。最近流行「跟偶像見面」，那或許也可以推展「跟農家見面」。我曾說過「農家最大的附加價值，就是作為農家」，我感覺到現在已經進入這樣的時代。如果像農業小聚這樣的活動能推廣到全國，應該很不錯。

6 透過群眾募資與大家產生關聯

「擬似私募債券」的資金調度法

想要投入農業，跟公家機關貸款或許也可以，但是如果有自己想做的事，設法用別的方式調度資金如何？

農業比較容易向NPO銀行（即非營利組織銀行，非營利組織的原文是 Non-Profit Organization。NPO銀行是為了地方社會與福祇、環境保護活動，以融資給市民團體、個人等為目的設立的小規模非營利銀行）以低利率貸款，也等於向有環境意識的人告知自己的目標。

另外，還可以自己發行「擬似私募債券」。擬似私募債券是模仿少人數私募債券，具有彈性的制度。少人數私募債券的對象並非不特定的多數，而是邀請限定的對象購買證券，所以是針對特定的少數投資者、投資機構、金融機構發行。

各位可能會覺得沒有經驗的人做不到，實際上的確有成功的例子。東京品川的某位麵包店老闆想開店，販賣當時還沒有成為主流的天然酵母麵包。但資金還差四百五十萬日圓（約新台幣一百二十四萬元），因此發行擬似私募債券。每單位十萬日圓（約新台幣兩萬八千元），利率百分之五，償還期限是四年後一次還清。有趣的是，利息是一年支付四次「麵包券」。

麵包店老闆說明他的事業計劃與對麵包的想法，以上述的條件募集債券，於是有五十位出資者。而且出資者後來直接變成麵包店的支持者。除了幫店面宣傳、選麵包作為禮物。當麵包店老闆清償債券後，出資者們依然是店面的常客，口耳相傳，現在聽說這家店已經有相當名氣。這樣的例子對農家來說，不是很有參考價值嗎？畢竟如果要實物償還，農家有很大的優勢。

與人分享志業，接受資金援助

農業在時間軸方面，也就是朝「預先獲得未來的財產」的想法能擴展可能性。以前我曾向大約三十位客人做問券調查：「如果可以預約五年後定期送來的米，你願意買多少？」以都會區的人為主，回答是平均每十公斤願意以超過一萬日圓（約新台幣兩千七百五十元）的價格購買。這表示有很多人對未來的食物感到不安。譬如以這些人為對象，擔保未來的米召募資金，說不定可以用來從事農業。除了獲得資金，也找到願意支持的客人。

簡單的群眾募資

現在要實現這樣的想法比較容易，全世界正在流行一種叫作群眾募資的作法，比「擬似私募債券」簡單，而且不用償還。日本引進得比較晚，不過在三一一東日本大震災之後漸漸成形。群眾募資是不特定的多數人透過網路，對於志同道合的事業或組織提供財源，也就是由群眾（crowd）與籌募資金（funding）組合而成的複合名詞。

現在日本也有很多代為進行群眾募資的服務，我也有委託業者幫忙。我委託的對象是名為ＦＡＡＶＯ的網站（faavo.jp）。ＦＡＡＶＯ以地域貢獻、支援地方為關鍵字，目前正在全日本各地推展計劃中。

出資者不限制居住的都道府縣，只要認同對方的「志業」，就可以出資，並且可以領到與金額相應的回饋（不是金錢）。

計劃內容包括「設立狩獵學校，讓地處丘陵地帶的這個地方帶來活力」、「只用當地的食材製作鬆餅，作為主張」等，相當多樣化。

推動計劃的過程，包括提出企劃內容，決定目標達成金額，在期間內達成金額募資計劃就成立的流程（圖5-7）。如果沒有達成，募資就歸零（不接受出資）。

在一天之內達成二十二萬日圓

我從二〇一二年開始挑戰無肥料栽培。當時我覺得需要可以把草切碎的自動割草機。因為是小型機種，雖然也不是沒錢購買，但是想到還要養家，農事不見得都會像預期一樣順利，我想儘量節省，所以向FAAVO提出申

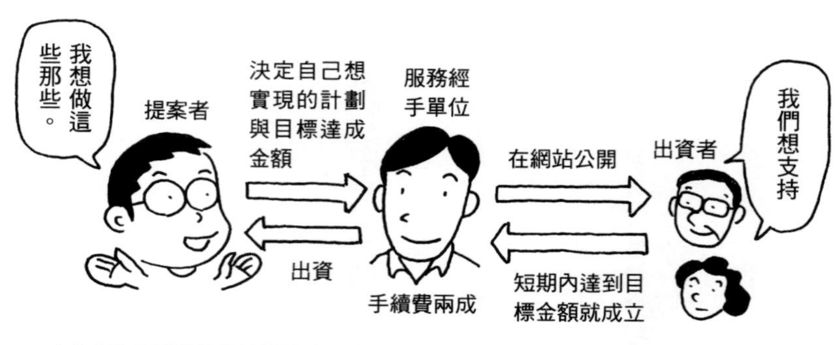

圖 5-7　透過「群眾募資」募集資金的架構

請。結果一開始的目標二十二萬日圓（約新台幣六萬元）在一天之內就達成了。最後的達成率是百分之一百九十二，募資到四十二萬三千日圓（約新台幣十一萬六千兩百元）。這令我重新感受到人們對於農業的期待與注目。

出資者也會成為顧客

日本是世界上少見的「儲蓄大國」，個人存款金額高的國家。這難道不是因為不信任國家、對將來感到不安、覺得必須靠自己維護個人的生活嗎？另外，現在是銀行存款利率超低的時代，許多人其實是因為存在銀行比放在家裡安全，沒有辦法才存的。但應該也有很多人，希望讓這筆錢發揮潛在的作用吧。

我自己也有向本地的NPO銀行出資，雖然金額不高。存在那裡沒利息，在最糟的情形下，錢有可能拿不回來（除非遇到特殊狀況，不過應該不會發生）。但我還是覺得，比起存在銀行，這筆錢應該多少會對別人有幫助。

剛開始考慮購買自動割草機時，我曾想過要把存在NPO銀行的金額拿回來，現在回想起來，覺得幸好向FAAVO提出了申請。除了獲得購入資金的援助，也與出資者結緣，其中也有人成為風來的顧客。募集資金可以帶來勇氣，讓自己確定進行的方向沒有錯。

募集出資的流程

實際上試著運用ＦＡＡＶＯ之後，我覺得農業跟募資應該很合。不過話雖如此，我自己卻沒有實際再進一步嘗試。我覺得必須要有相當的緣分才有可能。因此我將自身的經驗具體寫下來。

首先簡單說明ＦＡＡＶＯ的運作方式（圖5-7）。決定自己想完成計劃的目標達成金額，如果在期限之內能達到金額就成立。如果沒有達到，就算成達成率有九成也不成立，一毛錢也收不到（錢退還給出資者）。如果成功的話，要將兩成募資交給ＦＡＡＶＯ作為報酬。如果超過百分之百，在期限之內繼續募資。要是計劃成立，要給出資者相當於出資金額的謝禮，這就是募資的運作方式。

大家可能會覺得，作為報酬的手續費，兩成似乎太貴了點，但實際上嘗試後，就會覺得這個數字是合理的。當然，沒有達成就要歸零，也是有很嚴格的一面，不過計劃不成立就不必付手續費，完全沒有金錢上的風險，我覺得這樣的構想也很厲害。

從申請後到審查、公開

具體的作法是先申請（寄電子郵件到網站），經過審查計劃是否合乎FAAVO的方針（圖5-8）。如果沒問題再進行到下一階段。填妥電子郵件寄來的計劃書後回信、填寫郵寄來的同意書後寄回。沒問題的話，FAAVO會透過網路告知計劃的文書已建立，等用WORD檔寫的計劃完成，經過與內部人員多次反覆校對、推敲之後再公開（如果申請案件很多，將會延後公開）。

出資的回饋包括蔬菜組合等

一開始必須要先決定計劃的「目的」、「用途」、「回饋」。以我自己為例，目的是「確立培育更安全的蔬菜的技術，並且普及化」。用途是「自動割草機（小型農業機械）購入經費」，回饋是「自然農法越光米、無農藥蔬菜、無農藥栽培蔬菜組合」。回饋內容根據出資金額有所不同。譬如一千日圓（約新台幣兩百七十元）的出資者會收到栽培經過報告書（以郵寄特刊的方式介紹栽培技術等內容），五千日圓（約新台幣一千四百元）的出資者會收到蔬菜組合，三萬日圓（約新台幣八千兩百元）的出資者一年會收到四次當令蔬菜組合。原先預設最高出資三萬日

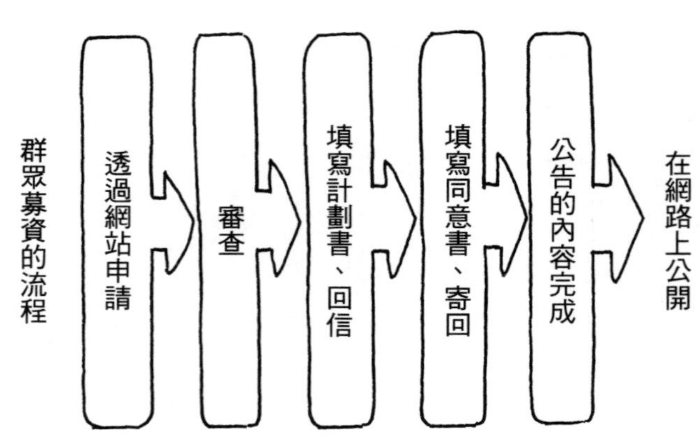

風來的計劃內容

目的「確立培育更安全的蔬菜的技術，並且普及化」
用途「自動割草機（小型農業機械）購入經費」
回饋「自然農法越光米、無農藥蔬菜、無農藥栽培蔬菜組合」

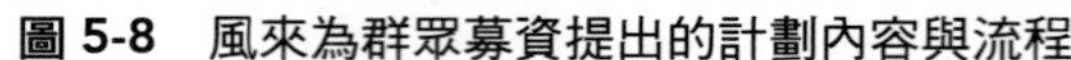
圖 5-8 風來為群眾募資提出的計劃內容與流程

圓，但在FAAVO工作人員的建議下，增加到出資十萬日圓（約新台幣兩萬七千五百元）的上限，出資者每月可收到蔬菜組合，共十二次。我本來想：不太可能有人出到十萬日圓吧，但沒想到竟真的有人願意出資，令我感到受寵若驚。

與工作人員討論公告的內容

我運氣好，提出計劃時，前面沒有大量的其他案件待處理，所以從一開始的聯繫到計劃公開，只花了兩週。關於公告的內容，我一開始的提案有百分之九十派不上用場，是工作人員冷靜地聆聽我的想法，教我怎樣傳達自己的訊息後才真正完成。

我無意間寫下的「你的私人農家」這句話，似乎給了工作人員一些靈感，於是以這句話為中心發展出整段內容。在實際上出資的人當中，也有人對「你的私人農家」感到印象深刻。因為文件採用WORD檔，我想就算對電腦不太熟悉的人也可以完成。儘可能多寫，這樣從其中找到可用的部分也更多。

目標達成率百分之一百九十二

決定公開後，我寫電子郵件通知認識的客人。在這之前，我還不好意思開口說請資助我。但透過ＦＡＡＶＯ感覺上沒有問題，所以能夠自然地表達。由於這些客人的支持，第二天就達成目標金額二十二萬日圓（約新台幣六萬元）。最後就像前面提到的，募資到四十二萬三千日圓（約新台幣十一萬六千兩百元）。順帶一提，超過目標金額的部分，將會作為推廣這種農法的活動費與房屋修繕費等，這些在事前已經告知，所以就挪為相關費用。而我提出的計劃網址如下（募資已經終了）：https://faavo.jp/ishikawa/project/45

想支援當地農業

實際上嘗試後，目標能夠達成很令人高興，不過更為我帶來信心，接下來我想做的事情，應該會有這些人支持。而且，願意支持的人，也成為我的客人，結緣更廣。

現在因為以社群網站聯繫，加上ＦＡＡＶＯ的實際成績建立相當的信用，達成金額似乎也越來越高。感謝為我提供幫助、給我建議的ＦＡＡＶＯ工作人員，以下就是關於

FAAVO的介紹。

FAAVO是專門針對振興地方計劃的群眾募資網站。目前範圍包括全日本二十一個地區（二〇一四年七月當時）。日本的群眾募資計劃，以透過網站支援受災地或解決國際問題、創意相關（電影製作、新商品開發等）的計劃佔多數，其中FAAVO從地方的農業人才提出的計劃開始著手，已累積一些實績。與農業相關的案件成功率一直很高。不只是這些提案本身，提案者本身多半也都很有魅力，令人產生共鳴。日本農業從業人員的身影，令許多人聯想到關於故鄉的記憶。

接下來，扛起地方基礎產業的各位，尤其以農業從業人員為首，希望各位積極地運用群眾募資。

（株）Searchfield　董事FAAVO事業部負責人　齋藤隆太

官網：https://faavo.jp

傳達自己想法的力量

寫了這麼多，觀察最後成功的人，我覺得他們都傳達了自己想法的力量。除了FAAVO之外，還有各種提供群眾募資的管道。想要挑戰新事物的人，可以尋找能夠信任的平台，請務必試著挑戰。因為如果沒有風險，就不會有讓想法成真的機會。

7 思考商業計劃書

講商業計劃，或許有點太慎重其事，像前面提到的擬似私募債或群眾募資，都是一般有效迅速的融資方法。不論再好的事，如果沒有實際採取行動，就不會有任何效果。藉由商業計劃思考金錢的流向，就能提出具體的計劃。

減少排碳量，「有益三方」的融資結構

二十一世紀是環境的時代，實際上，環境問題與農業問題變得越來越嚴重。不能再繼續惡化的危機意識日益高漲，但若只是漠然地喊著口號「讓我們每個人設法減少排碳量」或「提升自給率」，不管過了多久，問題還是不會解決。

如果要具體地減少排碳量，既然「未來銀行」（為環保提供融資的NPO銀行先驅）已經開始了，我建議各位換冰箱。銀行可提供低利率（百分之三的單利）貸款給想汰換舊冰箱的人。

現在的冰箱跟以前相比，省電功能已進步很多。以容量四百公升的冰箱為例，十年前的製品消耗電力是一千兩百kw（千瓦），現在的省電型只要一百八十kw。藉著換購新冰箱，一年的電費可省下約兩萬三千日圓（約新台幣六千三百元）。就算向未來銀行貸款十萬日圓（約新台幣兩萬七千五百元）買冰箱，包含利息在內，五年就可以回本，之後的差額就是利益。當然，最初的目的是減少排碳量（而且考慮到淘汰舊冰箱省下的能源成本，整體來看的確環保）。

在這樣的架構中，誰也不吃虧，每一方都有好處，的確「有益三方」。藉著思考金錢

的流向，成為改變現實的捷徑。而且在商業上也可以繼續持續下去。

超市經營者的「家庭菜園商機」提案

之前我知道未來銀行的作法後，正好有個地方邀請我去演講跟食育相關的主題，於是我嘗試以工作坊的形式，讓大家思考如何提升自給率、訂經濟計劃。參加的人多半從事與農業無關的工作，不過大家提出各種各樣的意見。

譬如以「觀葉蔬菜」、「觀葉果樹」取代觀葉植物，管理將這些植物運送到辦公室的工作（讓人們覺得自然與食物很親近）。另外，在輕型卡車的貨台鋪上土壤，種植蔬菜變成移動菜園，當成教材在各所學校巡迴（食育教學）等。

最精采的是某位超級市場經營者的提案。他的構想是：首先在超市的公布欄貼上告示「有沒有人要租多出來的田地？」然後先將閒置的農地整備到某種程度，再張貼「想不想經營家庭菜園？」的告示。最後再把菜園收成的作物送到超市直售，就這麼回事。

這個主意的成功之處在於以下幾點：

①閒置農地的地主也想設法運用這塊地。但是不想把祖先留下的農地租給來路不明

的人。如果由地方上的超市來照顧，比較令人安心。

②雖然有想經營家庭菜園的人，但是卻很難輕易地租出去。如果透過地方上的超市，就比較容易出租。（雖然在技術上也有不確定的部分……）

③對於家庭菜園而言，最困擾的是吃不完的蔬菜。不忍心將好不容易種出來的蔬菜扔掉，不過，只要能將多出來的菜出售，就會很有動力。

④超市可以販賣地方上的新鮮蔬菜。客人也很高興，種出蔬菜的人也會成為超市的常客。

如果這個計劃順利進行，地方上的自給率也會提升。不需要運輸成本，所以對環境也很友善。這些事幾乎不需要花費成本就可以進行。當然也會有沒做好的地方，在這整個循環中，可以讓地方的農家參與，給予建議。我覺得效果應該會很好。

農業是創意的寶庫

其實，以上這些點子，都是以五人一組，在短短的五分鐘之內想出來的。如果只要求大家「我們來思考怎樣提高自給率吧」，恐怕花再多時間都想不出來。而且，若只想著讓自己家的業績提升，很快就會陷入僵局，如果為了芸芸眾生，就會湧生無限的創意。從這點來看，合乎志趣的農業可說是創意的寶庫。

說是商業計劃或許有點誇張，就當成頭腦體操，試著思考也很有趣。另外，思索對社會有益的事，也令人感到愉快。

第6章

小型農業的思考方式

1 在開始前應該先準備的事項

小型農業的門檻比較低

目前為止，已經大致說明完小型農業實際營運的狀況，接下來要為各位歸納從事小型農業必要的條件與思考方式。

如果要以「農」為工作，絕大多數的情形都是沿襲以前農家的作法。不過現在可以成為農業法人的成員等，變得很多樣化。即使如此，如果完全沒有農業經驗，從零開始想成為農家，許多人還是覺得門檻很高。我自己因為有父母的土地可以使用，在這方面的確是得天獨厚，但過去完全沒有下田的經驗，可說是赤手空拳開始。每個人聽了都說「不可能」、「從事農業需要資金」。於是我想，那就嘗試不同於以往的作法好了。於是形成了風來式的小型農業，最小化主義。

為了成為最小化主義的獨立農家，必須先預先做好準備。以下根據我自己的經驗，整理出主要的四個項目（圖6-1）。

為了起步的準備有四種

第一是研習農業。如果以成為獨立的農家為目標，建議可以在農業法人或農家學習，累積實務經驗。

第二是從現在起（務農前）就開始寫部落格。透過每天發佈自己想做的事與夢想，漸漸地贏得信賴，與客人建立聯繫。對小型農業來說，直接與客人聯繫很重要。

第三是學會加工技術。倒不是要靠加工食品謀生，但為了不浪費新鮮蔬菜、全部賣完，學會

研修	發訊
累積農耕的實務經驗。	傳達自己的想法與每天的過程，讓顧客增加。
加工	叫賣
販售時期比生鮮蔬菜更長，不會造成浪費。	鍛鍊販售能力。

圖 6-1 為了成為獨立小型農家而做的準備

加工技術能夠帶來很大的幫助。

最後，建議從直售開始，雖然直接面對顧客也不容易，但是會有許多難以用語言表達的收穫。

因為後面三項已經解釋過，所以在這裡說明農業研修的部分。

研習農業

▼累積實務經驗

如果完全沒有農業方面的經驗，想成為農家應該怎麼做？首先是去各都道府縣的新手農夫支援中心諮詢。除了可以無償學習農業技術、更容易取得就農支援金，若以創業為目標，他們會讓你去農業法人或是農家研習（實習工作）。聽說支援中心還舉辦讀書會等，可以獲得各種資訊也不錯。

▼劃清研習時期

當有機會去研習時，最好先約定期限（我的情形是一年）。這麼一來目標就很清楚，接受實習的一方也會有心理準備。

▼試著自己栽培作物

即使研修過，也不會自動變成農家，這是理所當然的事情。經過農業研修的訓練，會加強駕駛像卡車等農業機械的意願，這些技術等創業之後，有很多機會派上用場。想要加強農業技術，首先要自己試著栽培。不論接受多嚴格的訓練，如果最後的責任不在自己，就無法真正學會。在實習的過程中，自己也租下農地，種植同樣的作物，有不懂的地方就提問，這就是學習技術的捷徑。

▼增廣人脈

最重要的是建立人脈。正因為是實習期，所以要積極地在農業青年團體與讀書會露面。農業是必須與人交流才走得下去的行業。

自問想成為什麼樣的農家

接下來，是不斷地思考自己想成為什麼樣的農家。大家很容易認為，想成為農家只要具備農業技術就好，事實並非如此。作為自食其力的農家，也需要經營、銷售、管理能力，最重要的是綜觀全局的能力。試著具體地思考將來的經營模式，當然，除了要如何栽培作物，還有收成的種類與數量，要在哪裡販售，收入最好有多少，要花幾年達成這個目標，以及自己為什麼想務農？藉著具體思考這些，釐清自己能做什麼。

以最大收穫量試算營收

農業面對的是自然。當然有很多人明白會有多艱辛，但反過來也可能傾向於什麼都怪罪自然。「我才剛開始務農所以收穫量少」、「如果農耕技術再進步一點，收穫量提升，我就可以靠種田養活自己了」新手很容易這麼想，但最重要的是，如果這些農作物達到最大收穫量，真的可以維生嗎？只要查一下各種作物的平均收成量就知道了。即使以最大收穫量估計營收，還是達不到理想的營業額與收入，就必須思考其他的方法。遇到這樣的情形，必須面對現實。

不執著於專業也無妨

一開始不需要執著於專業。我了解，一旦開始種田，就想專注在農作物的心情，不過絕對不要焦急。畢竟在農業的世界，農家的平均年齡是六十五歲，不急也沒關係。一邊養活自己，朝著目標前進，同時找到未來的客層也很重要。譬如在報紙裡夾帶自己的傳單一起配送等，就有機會讓將來的顧客注意到。

現在，各地都有直售所，販售農產品的門檻已經降低了。即使如此，直接與客人往來的直售也很重要。只要有自己的販售網站，就會有各種各樣的可能。

2 什麼是「最小化主義」

從農地的限制開始

在這裡，我們重新思考一下，小型農業所主張的「最小化主義」到底是什麼。「最小化主義」就是「最小」、「最小限度的」。風來是我向父親借了三十公畝的田地，試著發揮最大價值、以農耕自立而開始的。

其實，風來的農地位於海洋附近排水不良的地帶。雖然借來的農地位在比較高的地方，但是為了拓寬田地，必須傾倒其他土質不同的土壤，也有無法順利擴展的時候。既然如此，我摸索著有沒有辦法以小型農地營生，於是發展成「最小化主義」。如果農地很容易就能擴展，我想就不會有今天的風來了。正因為有限制存在，所以產生各種各樣的創意。

因為是個人表現的時代，所以能實現

我想這一切能實現，是因為最小化主義與農業、時代的變化相符（圖6-2）。

如果想創業，必須具備商品，如果是二級產業的話，需要加工的機材。以農業來說，最簡單的情形，就是將家庭菜園栽培的作物送到直售所，可說是只憑一把鐵鍬就能創造產品。

而且，近年來時代變化相當劇烈。像高性能的電腦與印表機能以低價入手，這是過去難以想像的。每個人都能印製小冊子與標籤。再

圖 6-2 什麼是最小化主義

加上網路的激烈變化。藉著網路，待在家裡就能向全日本、全世界販售，而且個人也可以發佈訊息。應該沒有比現在更適合個人表現的時代吧？這正是大好機會。

不過，無論再好的種子，若只是放在袋子裡，就永遠不會有所改變。把種子從袋子裡取出，種在土裡，還要有陽光跟水等條件，才會發芽。只有實際行動才會改變。

我就像前面所說的，開創了自己的道路。確實從零開始踏出第一步，需要相當的能量。當時也是採取最小化主義。如果一開始規模就很大，會有壓力，如果是小幅度的嘗試，會比較容易起步。因為最小化主義的信條就是「讓風險減到最小、幸福擴展到最大」。

與直售相聯結，並成為核心

風來就是像這樣從小地方找出活路。的確，或許是因為有食品加工的部分，所以即使只有三十公畝，還是可以維持下去。

以前我曾經查過，在日本農業方面，有收支平衡剛好的大小。如果是稻作農家，需要十公頃；露地蔬菜農家需要二至三公頃。如果超過這個範圍，收入不會增加。如果一口氣擴張到稻作三十公頃、蔬菜十公頃左右，就算表面上的營收增加，因為消耗機械費與人事費用等經費，收入本身反而會減少。

在上一章已提到，如果進行直售、與客人聯繫的最小化主義，只要有一公頃的旱田，就算沒有在加工，我想也可以行得通。不過為了分散風險，建議還是從一開始就把加工列入。

獨立務農之後變得幸福

現在就算同樣稱為農業，也有各種各樣的務農方式。以前絕大多數都是繼承父母的工作，現在還有成為農業法人社員的選擇。不過就算如此，我想只有在獨立之後，才會享受到務農的好處。當然所有的責任都要自己負擔，絕對不輕鬆，但也因此有成就感。沒有什麼比因為務農，讓工作與生活方式一致而更接近幸福的產業了。

如果動員全家投入，就算沒有雇用員工，只要獨立後世界就會變得寬廣。風來的規模真的很小，但是卻有各界人士來參觀。

通常在先進國家，如果經濟不景氣，想投入創業公司或自營業為目標的人似乎會增加，好像只有日本會是上班族的比例提高。我想這是因為人們渴望安定，不過這麼一來，工作市場的供需關係就更傾向於資方了。遇到狀況時可以獨立，光是這樣想就令人安心，農業是最適合養活自己的手段，畢竟是栽培可以直接吃的東西。

3 小規模的利益

日本農業有小規模的利益嗎

如果要具體敘述最小化主義，那就是儘可能享受小規模的利益。大家可能會覺得「只聽過規模經濟的優點，從來沒聽過小規模的利益」，當然，因為那是我自己發明的說法。

在說明小規模的利益前，讓我們先來思考規模經濟。如果要簡單說明規模經濟，那就是「藉由大量採購壓低原價，並藉由整批販售獲得更多利潤」。不過這要以不論在什麼樣的情況下都能達到為前提。

現在的日本農政也走規模擴大路線。就某種意義上來說也是規模經濟，但若要達到規模經濟，規模越大價格就必須更便宜，其中也有不合理的地方。譬如規模一百公頃的稻作農家，如果販賣米的售價只有十公頃稻作農家的一半，那還有利潤嗎？即使規模擴大，也無法獲得相對的利益。這或許就是日本特有的農業特性。

地勢多傾斜但機械昂貴

日本跟大陸地形相比，有著應該算是急坡的傾斜地。若要將這樣的地形剷平，得耗費相當的勞力。尤其要闢水田的話，地面必須維持水平。也就是說，要把一片農圃擴大除了有相當限度，也很耗費成本。而且不論擴大到什麼程度，都需要人手。

而且，農業機械也相當昂貴。如果在其他產業，採用大型機械時，生產性也會提高，當然能夠製造更多產品，但是農業不論如何高速化，收穫量本身不會增加。就算運用到插秧機或收割機，收在倉庫裡的時間也很長。很難看出投入費用獲得的效果。如果規模擴大僱用員工，在日本要負擔龐大的人事費用。

雖然我特別列舉出比較困難的部分，不過請試著反過來想，其中也蘊含著相當大的機會（小型的利益）。

公司的壽命只有三十年，家族經營數百年

經常聽說公司的壽命只有三十年。現在，農家的規模也擴大，朝著法人化、公司化進行，但農家真的一定要步上這條道路嗎？當然我不是否定大規模農家，不過，本來農家是以家族為單位，跨越數個世代，持續幾百年也理所當然。我想正因為規模小，所以不論大環境如何波濤洶湧，農家還是可以穩健地生存下來。

未來肯定仍是變化激烈的時代。在這樣的時代，機動性的農業經營，或許也是一種手段。我想重新正視像這樣家庭經營的農家，更有自信地推薦家族經營的農業。

向鎮上的麵包店學習

同樣稱為農家，規模也各有不同。如果將規模差距達十倍、百倍的農家並列在同一等級，我想分類有點草率。

就像麵包店一樣。就算販賣的同樣是麵包，鎮上的小麵包店跟大工廠製作的方法與目標也全然不同。鎮上的小麵包店不會羨慕大工廠，也不會想達到同樣的規模。所以「與其效法遠方的大型農家，不如向附近鎮上生意興隆的麵包店學習」。我想這正應該是由家庭經營農家的目標吧。

只要有特色，就算不以價格決勝負也沒關係

鎮上的麵包店若想效法大型工廠，儘量壓低原材料費，以價格與效率決勝負，那絕對是不可行的。沒有特色的麵包店，很難在現在這個時代生存。但是，就算只是麵包，只要當作是跟大型工廠完全不同的製品，就沒有必要以價格決勝負。生意很好的麵包店多半的共通點，就是使用天然酵母、地方的米粉或特產，對於原料特別執著，難道不是這樣嗎？

大規模製作有大量採購原料，壓低材料費的「規模經濟效益」。在這種情形下，追求大量且品質均一的製品成為最大公約數，在原料的品質方面，會在份量最多的產品裡選擇中等的品項，甚至不得不選擇品質較差的東西。但是只要規模小，就可以對原料執著。所以在農業方面也有很多「小規模的優勢」。

在這個時代，究竟該講究什麼

時代是由慾望形成的。無論技術有多發達，如果從來沒想要飛行，就不會發明飛機。對食物的需求，也是隨著時代變化。在戰後糧食缺乏的時代，農業追求的是「量」，而量滿足之後，追求的是「味道」，達到某種程度之後，接下來追求的就是「價值」。當然，價值觀也會隨著時代的潮流變化。目前日本是高齡化社會，引起空前的健康話題熱潮。許多人想要長壽、活得健康，「生命」的價值觀正受到重視。

在這樣的時代從事農業，當然「量」與「味道」、「價格」都很重要，而且必須取得平衡，這也會決定農業的作法。而我執著於提供能讓人安心，讓品嘗的人能感受到農業優點的產物。我想正因為規模小，所以必須特別講究，也因為規模小，所以能有所堅持。

4 關於如何處理財務

吸引金錢來到手邊

如果想要自食其力，還有一點非常重要，那就是如何面對金錢。

目前為止，有很多想從事農業的人向風來諮詢。這些人想從事的農業型態很多樣化，我覺得整體來看，女性的想法比較務實，多半有具體的計劃、腳踏實地。男性感覺上比較偏向因為想嘗試所以就做，追求理想的比例較高。

女性比較務實，可能是因為現實考量，也就是在經濟上能不能支撐下去。成為心懷理想的農家固然很好，但我看到很多人後來為錢所困，遭受挫折。

農業具有金錢價值無法衡量的美好與力量。我會覺得這是與幸福最接近的產業，主要也是這個原因。但現實社會看的是金錢的流向。為了成為幸福的農家，如何面對金錢、不要反過來被錢控制就很重要。因此，我想必須吸引金錢來到自己手邊。

不浪費的「個人通貨」

風來剛起步的時候，雖然力圖節約，但為了做醃漬物，添購大型冰箱與食物調理機、小型農耕機等，也花了不少錢，當你連續一段時間不斷為了添購器材而支出時，很容易會產生慣性，覺得好像什麼事情都可以花錢買個機器來解決，這樣可不行！為了更實際地掌握對金錢的感覺，我想到的是「個人通貨」。

試著將自己身邊的東西換算成金錢的價值。風來一開始是從販售泡菜開始，所以假設通貨單位是「泡菜」好了。匯率以當時的零售價格一袋兩百日圓（約新台幣五十五元）計算，一袋泡菜等於兩百日圓。不可思議的是，建立具體的標準之後，變得毫無浪費。為了買這個器材，要賣十袋泡菜，那還是自己做好了。如果這個東西價值三百袋泡菜，那現在還是先別買好了……等等。原本是為了節省而開始的「個人通貨」，就像在海外買東西時會重新估算物品的價值，後來促使我嘗試許多不同的事。

不購買，自己製作

譬如，將醃漬物裝在袋子裡時，需要的器具通常會委託板金店製作。但是特別訂購的話價格很貴。當我心想還有沒有別的方法，在量販店裡閒逛時，發現銜接水落管的零件，形狀正巧剛好，一個只要一百九十八日圓（約新台幣五十五元），過了十年，現在依然在使用。雖然只是個小小的例子，但反覆這樣的思考之後你會發現，就算有想要的東西，首先我不是「購買」，而是思考有沒有別的方法。

當然，個人通貨的單位、匯率很自由。跟朋友討論時，曾有人興致勃勃地說：「我的個人通貨單位是蕃茄。」

不要太貪心，懂得知足

妥善看待金錢。最小化主義最重要的想法是「營收基準金額」（圖6-3）。一般常見的是「營收目標金額」。不論以月為單位或以年為單位，目標要比去年增加百分之幾，最好能夠超過基準。

相對於此，「營收基準金額」的思考方式，是以目標的正負百分之五為基準。如果業績不到目標的百分之九十五，跟「營收目標金額」一樣，要反省究竟哪裡沒做好，可能是賣法或天候等各種原因。不同的是，達到目標超過百分之一百零五時，也要反省「這樣不行，工作過度了。難怪今年的午睡時間

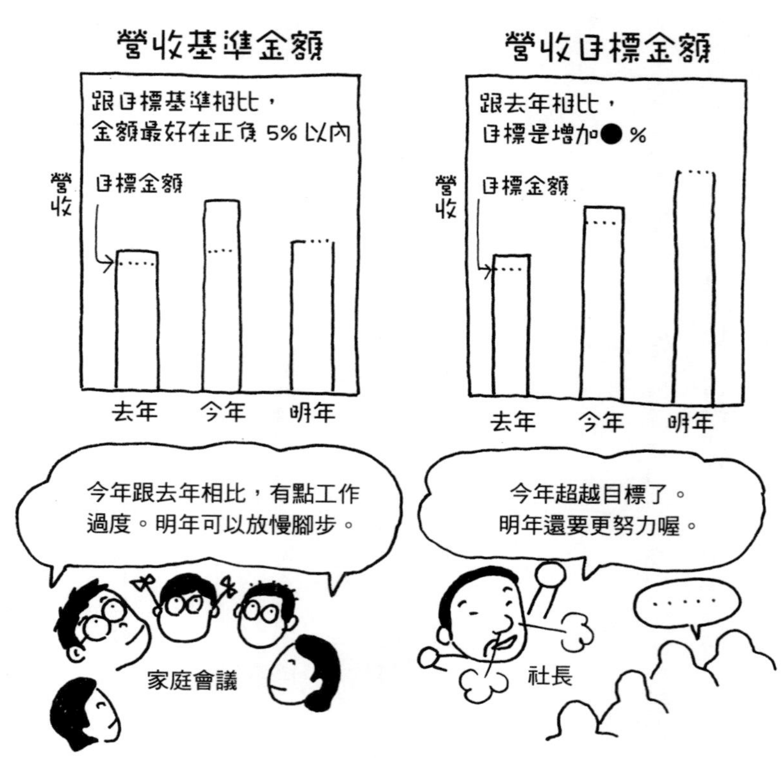

圖 6-3　什麼是營收基準金額

有點不足……」這樣聽起來或許有點像在開玩笑，但若試著實行，會有超出預期的各種效果。

基準金額每年由全家決定

營收基準金額的設定，是以「要幸福地過日子需要多少收入才夠」反過來倒推營收。以風來一家五口而言，一年有六百萬日圓（約新台幣一百六十五萬）的收入就能充裕地過生活，那麼營收基準金額就是一千兩百萬日圓（約新台幣三百三十萬）。

決定每年的「營收基準金額」時，由全家一起討論。想要追求幸福，少不了家人的協助。如果先經過討論再開始，家人也會朝著目標努力。

大家可能會想，如果每年金額都不同，那不就跟「營收目標金額」一樣嗎？其實，藉由設定基準，可以很清楚地看出該做什麼。不會有碰運氣的想法，也不會有過度的投資。如果再加入個人通貨的思考方式，就更能掌握生活與工作的平衡。

消除營收的壓力

自營業者在經營方面最大的壓力，在於如何提升營收。當然，即使制訂營收基準金額，實際上也有可能達不到。不過，光是不去想著盲目提升營收，就能減少許多煩惱。

客層以散客為主

就銷售而言，一般人的觀念，可能還是停留在「以衝高實銷量為要務」，在能夠賣得出去的時候多賣一些，甚至能夠建立知名度，當然那都很好。不過，如果你以為小規模的直售所比不上超市、百貨公司，或是向餐廳供貨，一星級餐廳不如三星級餐廳更能打響名號，那就錯了。

身為小農，你能販售的數量有限，所以你就沒有必要配合通路。你的產量有限，直接賣給個別的客人，就不必被中間商抽成。這麼一想，更令人感到散客的存在有多值得感謝。賣給各別散戶的直售比例，目前佔了風來的八成以上。不論哪個單位想訂貨，利潤都比不上散客，所以我會直接拒絕，和對方說「抱歉，沒有足夠的產品可以賣」。

此外，直接與客人聯繫，會獲得許多靈感。能夠迅速地靈活運用這些意見，正是最小化主義的優點。現在成為風來主力商品的蔬菜組合，也是來自客人的建議。就算眼前的工作相當忙碌，還是可以積極地採取行動，開發新商品或搭配新組合。

收入由自己決定，也就是營自行決定收基準金額（當然要順利地上軌道可不簡單……）。資本主義有決定做生意的自由，也有決定不做生意的自由。這種不做生意的自由，與心靈的自由有很大的關聯。農家具有各種各樣的價值，正因為如此，在與金錢打交道時，不為錢所奴役，才是離幸福最近的道路。

5 生命的價值觀

農業是終極的服務業

我在擔任調酒師、飯店從業人員之後，轉換跑道成為農家。我曾經想過，服務業是我的天職。在當調酒師的時期，我的師傅曾說「服務業的使命就是要為人們帶來幸福」，到現在我還記得。

所以，我當了農家之後，以服務業的觀點來看農業，覺得其中有很大的商機。並以服務業時代培養的「下游思考」，思索著「怎樣才能讓客人高興」，以販賣自家製泡菜為主，展開小型農業。

這樣的作法本身並沒有錯，但現在回想起來，當初覺得農業有商機的想法很膚淺，而改變我想法的契機，是某位客人的心聲。這位客人對化學物質過敏，因此吃到風來種的蔬菜，流著眼淚表達感謝。當時讓我覺悟到，農業培育出生命所需的食物，「不就是（能夠讓人幸福的）終極服務業嗎？」

自從我產生這樣的領悟，雖然工作的內容幾乎沒什麼改變，但不可思議的是常客增加了，風來的營運也上了軌道。

以生命的價值觀看事物

未來，重視生命的時代即將來臨。隨著邁向高齡化時代，很多人都想健康地活著，想要長壽。所以即使經濟持續不景氣，健康食品的銷售額卻持續成長。若以重視生命的基準思考，許多事物也會跟著改變（圖 6-4）。

譬如摩天樓的樓層越高，房租越貴。也就是說，現在高樓層比較有價值（飯店也是同樣的情形）。一旦遇到地震等意外，電梯停止運作、沒有自來水怎麼辦？如果住在三十層樓高，光是搬運人一天需要的水（六公升），都會變成很辛苦的勞動。遇到這樣的狀況，原本價格低的低樓層，反而能

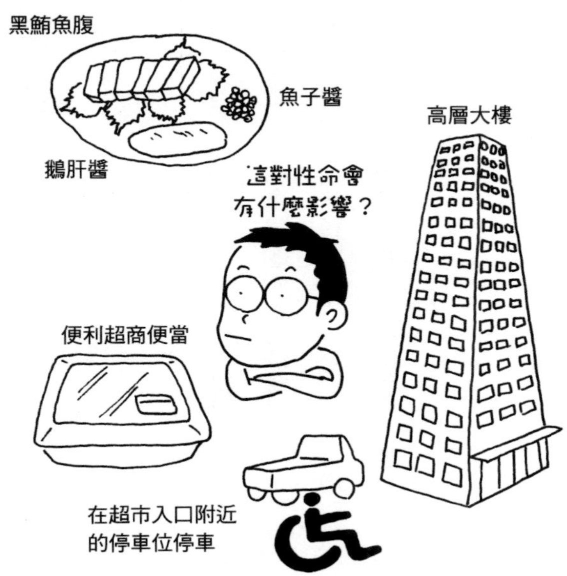

圖 6-4 以生命的價值觀思考

讓人安心居住，萬一遇到非常狀況，也比較容易逃出。

都市與鄉下，何者的生命價值比較高？

如果以生命的價值觀來看，都市跟鄉下哪邊的價值比較高？還有，ＩＴ產業跟農業的價值哪邊比較高？答案可說是一目瞭然。

黑鮪魚腹、魚子醬、鵝肝醬等食材昂貴又普遍公認有價值，但若每天持續吃，很容易得生活習慣病。從生命的價值觀來看，價格便宜的粗食，顯然更有價值。

有些人會在超市的停車場將車停在無障礙停車位，稍微省下一點時間，但以生命的價值觀來看，還是停遠一點多走幾步路比較健康，對身體比較好，好處更多。只要改變價值觀的標準，同樣的事物看起來也會完全不同。

這會對性命造成什麼影響？

現在，我希望促成的流行語是：「這會對性命造成什麼影響？」當你想買便利超商便當時，請先想想這跟健康有沒有關係。就算現在還安全、沒什麼問題，但將來對健康、經濟會不會造成損害呢？不只是食物，在住宅、化妝品方面，無論價格高低，如果從「這會對性命造成什麼影響？」的觀點來看，我想做出的選擇也會不一樣。

隨著貿易自由化的發展，基因改造食品等也隨著全球化流入國內，比起追求便宜，我們日本農家更應該以有益健康為目標，難道不是嗎？

自從三一一東日本大震災之後，日本的問題浮上檯面。核災就是其中明顯的例子，但關於這方面的議題還沒有得到共識。畢竟一方談的是「錢」，另一方談的是「命」。朝向不同目標的兩派人馬就算經過討論，也不會獲得結論。不過本來守護國民的性命就是政府最大的責任，尤其農政更應該如此。

農業是改變價值觀的門扉

我因為抱持著這樣的想法，所以成為農家。我深切體認到人類無法與自然抗衡，對自然充滿感謝與畏懼，價值觀產生很大的變化。就這個意義上，我想農業可說是「改變價值觀的門扉」。所謂的農業，並不只是販賣農產品的行為，如果作為改變價值觀的手段，就會擴展無限的可能性。因為環境的時代，也可說是性命的時代。

接下來農產品的價值，不只取決於有機、無農藥、自然栽培、無肥料栽培等方式，也包括以生命價值觀判斷的價值高低吧。

我很喜歡的一句話是「回頭一看，發現自己跑在最前面」（這是我自己發明的句子……）。從經濟的價值觀來看，農業可能敬陪末座，但從生命的價值觀來看時，卻是跑在最前端。以前有人告訴我「一旦發生事情時，智慧比知識更重要，希望農家可以擔任引導智慧的角色」，所以我打從心底為農業感到驕傲。

希望有越來越多的農家，共同擁有這樣的智慧與生命價值觀。

附錄一　風來的全年度工作一覽表

<table>
<tr><th>月</th><th>旬</th><th>播種</th><th>定植</th><th>收成</th><th>季節商品</th><th>活動</th></tr>
<tr><td rowspan="3">1</td><td>上</td><td></td><td></td><td rowspan="5">白菜／包心菜／青花菜／白蘿蔔／蕪菁／紅蘿蔔／芹菜／青花筍／包心菜芽／茼蒿（溫室栽培）／水菜（溫室栽培）／小松菜（溫室栽培）／長蔥</td><td>準備欠餅
準備米麴</td><td></td></tr>
<tr><td>中</td><td></td><td></td><td>準備米麴</td><td>味噌教室</td></tr>
<tr><td>下</td><td>香豌豆
豌豆莢</td><td></td><td>準備米麴</td><td></td></tr>
<tr><td rowspan="2">2</td><td>上</td><td></td><td></td><td>準備米麴
販售巧克力蛋糕
製作米粉、糯米粉（艾草糰子用）</td><td></td></tr>
<tr><td>中</td><td>茄類
蕃茄類
香草類
迷你白菜
綠球甘藍
水菜
長蔥</td><td></td><td>準備米麴</td><td>味噌教室</td></tr>
</table>

月	旬	播種	定植	收成	季節商品	活動
2	下	茄類 蕃茄類 香草類 萵苣		青花菜／包心菜芽／莙薘菜／包心菜花芽、白菜花芽／蔥／白蘿蔔／蕪菁／塌棵菜／高菜／甜菜／包心菜的側芽		
3	上	香草類 菠菜 迷你白菜 綠球甘藍	香豌豆 豌豆莢			
	中	茄類 蕃茄類 香草類 櫻桃蘿蔔（田地、溫室） 四季豆 青花菜	迷你白菜（溫室） 綠球甘藍（溫室）			米糠醬菜教室
	下	茄類 蕃茄類 香草類 萵苣 春季白蘿蔔（田地） 蕪菁（田地） 紅蘿蔔（田地）	馬鈴薯			

4			5
上	中	下	上
四季豆 空心菜 芹菜	毛豆 南瓜 櫛瓜 秋葵 皇宮菜 玉米	毛豆 秋葵	毛豆
菠菜 馬鈴薯	白菜 包心菜 萵苣 青花菜 四季豆	蕃茄 茄子 青椒類 南瓜 櫛瓜	茄類 南瓜 小黃瓜 芋頭 空心菜 秋葵 櫛瓜 玉米 毛豆
	迷你白菜（溫室栽培）／包心菜（溫室栽培）／散葉萵苣（溫室栽培）／包心菜芽／白菜花芽／蘆筍		
香草苗開始販售	蔬菜苗開始販售		
	田野教室 香草茶會		

月	旬	播種	定植	收成	季節商品	活動
5	中	毛豆	地瓜			艾草糰子教室
	下				香草苗販售終了 蔬菜苗販售終了	
6	上		芹菜 荷蘭芹			
	下	秋季黃瓜	長蔥		做鯖魚米糠漬	農業小聚
7	上		小黃瓜（溫室） 蕃茄（溫室）	蕃茄／迷你蕃茄／小黃瓜／茄子／白茄子／櫛瓜／南瓜／毛豆／四季豆／埃及國王菜／空心菜／秋葵		
	中					橄欖油料理教室
	下	迷你白菜 綠球甘藍 青花菜 萵苣 水菜 散葉萵苣 紅蘿蔔（田地）			用小黃瓜做米糠醬菜	田野烤肉

8			9	
上	中	下	上	中
迷你白菜 綠球甘藍 青花菜 紅蘿蔔（田地） 沙拉牛蒡（田地）	紅蘿蔔（田地） 白蘿蔔（田地） 四季豆	白蘿蔔（田地） 蕪菁（田地） 塌棵菜 茼蒿 甜菜	白蘿蔔（田地） 蕪菁（田地） 辣味白蘿蔔（田地）	洋蔥 義大利蕪菁（田地）
		迷你白菜 綠球甘藍 青花菜 萵苣 四季豆 包心菜芽	馬鈴薯	蘆筍葉 大蒜
		地瓜／迷你蕃茄（溫室栽培）／小黃瓜（溫室栽培）／茄子／白茄子／櫛瓜／毛豆／四季豆／埃及國王菜／空心菜／秋葵		
用小黃瓜做米糠醬菜	用小黃瓜做米糠醬菜	蕃茄汁 櫻桃蕃茄凍		販售地瓜磅蛋糕、酒糟漬黑瓜
				地瓜、南瓜甜點的茶會

月	旬	播種	定植	收成	季節商品	活動
9	下	芥菜（田地）	高菜 茼蒿 塌棵菜 甜菜			
10	上	櫻桃蘿蔔（溫室） 蕪菁（溫室） 辣味白蘿蔔（田地）				
	中	蠶豆（田地）	春季採收包心菜	白菜／包心菜／萵苣／青花菜／包心菜芽／青椒（溫室栽培）／白蘿蔔／蕪菁／馬鈴薯／紅蘿蔔／水菜／青江菜／小松菜		新米試吃會
	下	水菜（溫室） 小松菜（溫室） 菠菜（溫室）				
11	上	香豌豆 豌豆莢 豌豆	洋蔥			
	中				柚子醬油販售 製作米麴	柚子醬油製作教學 火鍋大會
	下				先用鹽醃鯖魚，準備做米糠漬 製作米麴	

12		
上	中	下
販售蕪菁的千枚漬		
	蕪菁壽司教室	蕪菁壽司販售（年底為止） 白蘿蔔壽司販售（年底為止） 松前漬販售（年底為止） 正式開始做鯖魚米糠漬

附錄二　風來發展的年表

年	與風來相關的事項	外界的重要事件
一九九二	大學畢業後，擔任調酒師。	
一九九三		
一九九四	去澳洲遊學。	
一九九五	成為商業飯店的經理。	阪神大震災／地下鐵沙林事件
一九九六		
一九九七		
一九九八	在石川實習農業，記錄輕型卡車嚴重脫軌的情形。	
	結婚。	
一九九九	在三月時創業，但是還沒有東西可賣，所以繼續在別處農家打工。	
	第一年收成的蔬菜零零星星。	
	將僅有的蔬菜、醃漬物送到超市、菜市場、活動場合販售。如果有時間的話，去附近叫賣。	
	冬天沒有特別要做的事，所以製作網頁。	流行語大賞「IT 革命」
二〇〇〇	開始幾乎每天寫日誌（部落格），公佈在網路上。	
	長女誕生，太太藉著這個時機辭去護士的職務。	

二〇〇〇	將產品送到金澤市內的生活協同組合、農家的直售所、自然食品店。	
二〇〇一	開始在蔬菜種類較豐富的夏天，透過網路向客人販售蔬菜組合。	
二〇〇二		
二〇〇三		
二〇〇四		
二〇〇五		
二〇〇六	配送到通路的比例減少，增加在網路上直售、風來加工場併設的直售店的營業額（直售比例佔六成）	大型直售所陸續開設
二〇〇七	開始進自然食品與調味料等販售。	
二〇〇八	與當地農家展開跟市民一起種植大豆、製作味噌的「豆豆俱樂部」。	
二〇〇九		
二〇一〇		
二〇一一	在報社文化中心擔任「菜園生活講座」講師兩年。	三一一東日本大地震
二〇一二	改用碳循環農法。	
二〇一三	開始風來自己的體驗教室「蔬菜俱樂部」。	
二〇一四	展開與當地農家、居民談話的「農業小聚」。	
二〇一五	蔬菜組合的訂單增加（直售比例增加到八成）。	

國家圖書館出版品預行編目（CIP）資料

超人氣農特產就要這要賣！：日本第一小農的創意經營術：從自然農法、食品加工、擺攤叫賣、在地結盟到網路行銷，創造富裕舒適的小農幸福人生！/ 西田榮喜作；嚴可婷譯 . -- 初版 . -- 臺北市：常常生活文創 , 2017.07

面；　公分 .

譯自：小さい農業で稼ぐコツ：
　　加工・直売・幸せ家族農業で 30a1200 万円

ISBN 978-986-94411-3-1（平裝）

1. 農業經營　2. 日本

431.2　106010846

超人氣農特產就要這樣賣！日本第一小農的創意經營術

從自然農法、食品加工、擺攤叫賣、在地結盟到網路社群行銷，
創造富裕舒適的小農幸福人生！
小さい農業で稼ぐコツ 加工・直売・幸せ家族農業で 30a1200 万円

作　　者／西田榮喜（西田栄喜）
譯　　者／嚴可婷
責任編輯／曹仲堯
封面設計／劉子璇
內頁排版／楊仕堯

發 行 人／許彩雪
出 版 者／常常生活文創股份有限公司
E-mail／goodfood@taster.com.tw
地　　址／台北市 106 大安區建國南路 1 段 304 巷 29 號 1 樓

讀者服務專線／(02) 2325-2332
讀者服務傳真／(02) 2325-2252
讀者服務信箱／goodfood@taster.com.tw
讀者服務專頁／https://www.facebook.com/goodfood.taster

法律顧問／浩宇法律事務所
總 經 銷／大和圖書有限公司
電　　話／(02) 8990-2588（代表號）
傳　　真／(02) 2290-1658

製版印刷／凱林彩印股份有限公司
初版 3 刷／2022 年 9 月
定　　價／新台幣 350 元
ＩＳＢＮ／978-986-94411-3-1

CHISAI NOUGYO DE KASEGU KOTSU by Eiki Nishita